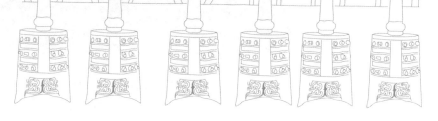

读中华 学科学丛书

中国传统文化的物理之光

廖伯琴　主编

李富强　副主编

温馨提示：请在成人监护下，安全做实验！

U0211429

化学工业出版社

·北京·

内容简介

本书内容涵盖了力学、热学、电磁学、光学、声学等，用通俗易懂的语言阐述传统文化中蕴含的物理知识并加以科学解释，通过"理尽其用"栏目进一步拓展物理应用，通过"躬行实践"栏目引导读者动手实验。本书适合小学高年级及中学生阅读。

图书在版编目（CIP）数据

中国传统文化的物理之光／廖伯琴主编. —北京：化学工业出版社，2021.7（2025.2重印）

（读中华 学科学丛书）

ISBN 978-7-122-36862-1

Ⅰ．①中… Ⅱ．①廖… Ⅲ．①物理学－少儿读物

Ⅳ．① O4-49

中国版本图书馆 CIP 数据核字（2020）第 083556 号

责任编辑：曾照华
文字编辑：昝景岩
责任校对：张雨彤
装帧设计：尹琳琳

出版发行：化学工业出版社
　　　　　（北京市东城区青年湖南街 13 号　邮政编码 100011）
印　　装：中煤（北京）印务有限公司
710mm×1000mm　1/16　印张 10　字数 126 千字
2025 年 2 月北京第 1 版第 2 次印刷

购书咨询：010-64518888
售后服务：010-64518899
网　　址：http://www.cip.com.cn
凡购买本书，如有缺损质量问题，本社销售中心负责调换。

定　价：68.00 元

丛书前言 ⌇

中华民族历史悠久，中华传统文化博大精深，是中华文明成果根本的创造力，是民族历史上道德传承、各种文化思想、精神观念形态的总体。中华传统文化经历有巢氏 、燧人氏、伏羲氏、神农氏（炎帝）、黄帝（轩辕氏）、尧、舜等时代，再到夏朝建立，一直发展至今。中华传统文化与人们生活息息相关，以文字、语言、书法、音乐、武术、曲艺、棋类、节日、民俗等具体形式走进人心。中华传统文化以其深邃圆融的内涵、五彩斑斓的外延推进人类文明的进程。

"科学"来自英文 science 的翻译。明末清初，西方传教士携来有关数学、天文、地理、力学等自然科学知识，当时便借用"格致"称呼之。"格致"最早出自《礼记·大学》，"格物、致知、诚意、正心、修身、齐家、治国、平天下"，这是所谓"经学格致"。后来借用的"格致"与"经学格致"已有区别，它更强调自然知识与技术，不仅含实用技术，而且有高深学理，因此又被称为"西学格致"。我国早期的"科学"教育分为文、法、商、格致、工、农、医等科目，格致科以下再分算学、物理、化学、动植物、地质、星学（天文）等。可见，当时人们对"科学"及"科学"教育的理解是比较宽泛的。随着时代的发展，学校的科学课程设置逐渐转为侧重自然科学，科学教育也通常指自然科学教育。不过，对"科学"的广义理解仍然存在，如心理科学、教育科学、社会科学等术语的出现便是例证。

正是由于"中华传统文化"与"科学"的交集，"读中华 学科学"丛书应运而生。该丛书由西南大学科学教育研究中心组织编写，由西南大学教师教育学院教师领衔组建编写队伍，经过大家不懈努力完成。此丛书含四个分册——《中国传统文化的物理之光》《中国传统文化的化学之光》《中国传统文化的生物之光》《中国传统文化的数学之光》，分别从中华传统文化，如节日、古文、古诗、词语、乐曲、赋、民族音乐、民族戏剧、曲艺、国画、书法等，探索中华先辈的理性之光，发掘中华传统文化中蕴含的物理学、化学、生物学及数学知识，并对其进行分析解释，展示这些传统文化蕴含的科学思想等。同时，本丛书既注重实践操作，通过精彩实验等让读者体会"做中学"的乐趣，而且注重联系生活实际与现代科技，引导读者从文化走向科学，从生活走向科学，从科学走向社会，培养广大青少年的科学素养。

为促进科学教育育人功能的落实，促进全民科学素养的提升，西南大学科学教育研究中心自 2000 年始，集全国相关研究之长，以跨学科、多角度及国际比较的视野，持之以恒地探索科学教育的理论及实践，推出了科学教育系列成果。其中，科学教育理论研究系列，侧重从科学教育理论、科学课程、教材、教学、评价等方面进行研究，如《科学教育学》等；科学普及系列，侧重公民科学素养的提升，如"物理聊吧"丛书、"一做到底——让孩子痴迷的科学实验"丛书等；科学教育跨文化研究系列，从国际比较、不同民族等多元文化视角研究科学教育，如《西南民族传统科技》等；科学教材系列，编写新课标版教材，翻译国外优秀教材，如获首届全国优秀教材一等奖的《物理》以及世界知名"FOR YOU"教材中文版等。现在推出的"读中华 学科学"丛书进一步丰富了科学普及系列的成果，为科学教育理论及实践的探索又增添了一抹亮色。

"文化是一个国家、一个民族的灵魂。文化兴国运兴、文化强民族强。没有高度的文化自信，没有文化的繁荣兴盛，就没有中华民族伟大复兴"，我们推出"读中华 学科学"丛书，旨在弘扬中华民族的灿烂文化，培养广大青少年的文化自信及实现中华民族伟大复兴的责任感与使命感。

廖伯琴

2021 年 8 月 19 日

于西南大学荟文楼

前言

物理来源于生活，生活中的物理知识无处不在，大到宇宙星海，小到雨露霜雪。中华文化源远流长，博大精深，在传统文化中也蕴含了很多物理知识。本书通过收集、整理、分析和探索传统文化中的物理知识，尝试以浅显易懂的语言向大家展示其中蕴含的物理道理。

本书将传统文化与物理知识结合，注重将我国优秀传统文化纳入科普内容中，用科学知识解读经典故事、古代发明、神话传说、诗词歌赋中蕴含的物理规律，突出科技与人文的融合，通过趣味性插图和行文基调增强可读性，带领读者阅览不一样的物理长廊。

本书注重联系生活实际，通过"理尽其用"栏目，对生活中的物理知识进行拓展延伸，培养学生应用物理知识的能力。本书强调寓教于乐，通过"躬行实践"栏目，引导读者"做中学"，利用身边的简易材料，动手实验，培养读者的科学兴趣和科学探究能力。本书通过简明易懂的语言描述、生动形象的图文结合、丰富有趣的实验现象，将科学知识变得更加直观形象，激发读者学科学的热情。

全书框架、体例、内容选定、文稿修改、统稿、定稿等工作由廖伯琴完成；第1章由程超令编写；第2章由黎昳哲编写；第3章由陈丽伉编写；第4章由吴斯莉、谢芳编写；第5章由文婷编写；第6章由王翠丽编写；第7章由邢宏光编写；第8章由刘丽萍编写；全书线条图由彭余泓和朱馨雅绘制；全书古籍推敲及文字修改等由李富强完成；本册编务等由文婷负责。

对于本书引用的内容，我们以参考文献的方式突出被引用者的贡献，全书获得重庆市人文社会科学重点研究基地项目重点项目（项目名称：基于科学素养提升的儿童科普图书研究；项目号：18SKB034)和教育部人文社会科学重点研究基地重大项目（项目名称：基于"互联网＋"的民族地区科学普及研究；项目号：16JJD880034)资助，在此一并表示由衷感谢！由于能力有限，书中难免出现不足之处，请各位读者不吝赐教，我们会及时修订，以便本书日臻完善。

编者

2021 年 4 月

目录

第3章　五彩斑斓的光世界

第4章　力，形之所以奋也

第5章　巧夺天工

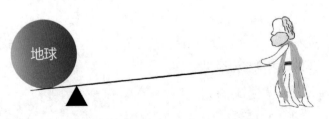

第6章　冷暖如何自知

第7章　顿牟掇芥，磁石引针

第8章　看我七十二变

参考文献

第1章　行走在时空中

1.1 孙悟空的一个筋斗有多远

　　我国古代四大名著之一的《西游记》在第二回中说道：美猴王孙悟空到灵台方寸山菩提祖师门下学习长生之术后，又学会了腾云之法，名字就叫做筋斗云。据说一个筋斗能越过十万八千里，一天内就能把四海之内都游览遍，比现在的飞机快多了（图1.1）。

　　生活中我们常用厘米、米、千米等长度单位来衡量物体的长度或两地之间的距离。那么孙悟空一个筋斗翻越的十万八千里也是指的距离吗？十万八千里又到底有多远呢？

图1.1

《西游记》中腾云驾雾的孙悟空

中国传统文化的物理之光

1.1.1 从"十万八千里"聊聊长度与空间

"里"其实是我国古代长度单位。除了"里"外，还有成语"退避三舍"中的"舍"，"壁立千仞"中的"仞"，"近在咫尺"中的"咫""尺"，"丈二和尚摸不着头脑"中的"丈"，"三寸不烂之舌"中的"寸"，以及"失之毫厘，谬以千里"中的"毫""厘"，等等。它们都是我国古代的长度单位，换算关系为：1 舍 =30 里；1 里 =150 丈 =1500 尺 =15000 寸；1 寸 =10 分 =100 厘 =1000 毫；1 仞 =7 尺或 8 尺（周制 8 尺，汉制 7 尺）；1 咫 =8 寸（周制）；1 尺在秦朝时约等于现在的 23 厘米，而到了明朝时则约等于现在的 32 厘米。所以孙悟空的一个筋斗云可超过 5 万千米呢！

现在我们生产生活中使用的是国际单位制中的长度单位，以米（m）为基本单位。其他长度单位及它们的换算关系为：

1 千米（km）=10^3 米（m）=10^5 厘米（cm）=10^6 毫米（mm）=10^9 微米（μm）=10^{12} 纳米（nm）

另外在天文学中，还常用光年作为长度单位，光在真空中 1 年内走过的路程为 1 光年，约等于 9.5×10^{15} 米。

长度是测量面积和空间体积的基础。比如我们说篮球场的长、宽分别是 28 米和 15 米，这里其实就可以用互相垂直的两个方向上的长度之积来衡量面积的大小。与此类似，我们衡量一个箱子的体积大小，可以说它的长、宽、高是多少，其实就是用两两相互垂直的三个方向上的长度之积来表示。下面就让我们一起去探索地球之外的广阔世界吧！

1.1.2 理尽其用——探索浩瀚星空的大小

"春江潮水连海平，海上明月共潮生"，晴朗的夜空经常能看见月亮，我国古代流传下了大量关于它的诗歌和故事。其实，月亮是一颗环绕地球运行的天体，也是宇宙中离我们最近的一颗天体。但即便是离我们最近的一颗"大星星"，它到地球的平均距离也有约 38 万千米，就连孙悟空也得翻好几个筋斗呢！同样，看起来和月亮差不多大的太阳，其实离我们更远，平均距离有14960 万千米！实际上，对于我们人类能到达的距离而言，这已经是非常遥远了，但就宇宙大小而言，这点距离其实非常小。

月球、地球和太阳都属于太阳系。其中太阳处于太阳系的中心，月球是环绕地球运行的一颗卫星，地球则是环绕太阳运行的一颗行星。除地球外，太阳系还包括水星、金星、火星、木星、土星、天王星、海王星七大行星。这些天体都围绕太阳运行，其中离太阳最远的海王星到太阳的平均距离大约是 45 亿千米。虽然太阳系没有明确定义的边界，但太阳可以对约 2 光年的半径范围产生明显影响。

虽然太阳系对于我们人类而言已经很大了，但它仅仅是银河系内很小的一块区域。太阳系距离银河系中心大约 3 万光年，距离银河系最远边缘约8 万光年。

我国古代流传有牛郎织女的故事。传说七夕这天，牛郎织女会在鹊桥相会。象征牛郎织女的牛郎星和织女星其实都是银河系内的恒星。牛郎星属于天鹰座，叫做天鹰座 α 星，在夏秋的夜晚是天空中的亮星，呈银白色，距地球大约 16.7 光年；织女星属于天琴座，叫做天琴座 α 星，在夏夜的天空中也是一颗亮星，呈青白色，距地球大约 26 光年。牛郎星与织女星隔银河相望，相距 16 光年，即使乘坐现代最快的火箭，几百万年后也不能相会。牛郎织女的神话传说是美好的，但现实是残酷的，两颗看起来相距很近的星体实则相距很远。

那银河系就是宇宙的全部了吗？其实，尽管我们肉眼可见的星空几乎都属于银河系（图 1.2），但它也只是宇宙

图 1.2　银河系星空

中很小的一块区域而已。天文学家的最新研究成果表明，可观测宇宙的最远天体离地球约 137 亿光年。宇宙真是浩瀚，它还有太多的神秘等待我们人类去探索！

看不见的原子

我们身边的物质都是由很小很小的微粒组成的，一些物质就是由一种我们称为"原子"的微粒组成。这些原子的尺寸非常小，只有纳米级大小，例如铁原子直径只有约 0.13 纳米。如果我们把一个普通苹果放大到地球那么大，那么组成苹果中的原子就相当于一个普通苹果那么大，原子之小真让人感叹啊！

1.1.3 躬行实践——绘制太阳系行星位置示意图

【准备】A4 纸、彩色笔、铅笔、圆规

【步骤】

① 在 A4 纸上先画出太阳的位置，确定太阳系中心。

② 用圆规一圈一圈地画出行星的大致运行轨迹（行星实际运动轨迹为椭圆），再按照各大行星的顺序在轨迹上画出行星。

③ 将太阳和各大行星补充完整，并标上名字，最后给各个星球涂上自己喜欢的颜色。

天王星　地球　　太阳　　金星　土星
木星　水星　　　火星　海王星

天王星　地球　太阳　金星　土星
木星　水星　　火星　海王星

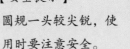

【安全提示】
圆规一头较尖锐，使用时要注意安全。

你知道吗？

问：太阳系八大行星中为什么没有冥王星？

答：其实，冥王星曾经有一段时间也被视为太阳系的第九大行星，但是 2006 年 8 月 24 日，国际天文学联合会第 26 届大会通过决议，不再将冥王星列为太阳系的行星。因为按照行星的定义，行星必须围绕恒星运转，质量足够大，能依靠自身引力使天体呈圆球状，并且行星轨道附近应该没有其他物体。冥王星不满足行星的条件，所以不能算太阳系的行星，从此太阳系从九大行星变成了八大行星。

1.2 月上柳梢头，人约黄昏后

北宋文学家欧阳修是唐宋八大家之一。下面这首词——《生查子·元夕》便是他用通俗的语言来描绘凄怨、缠绵而又刻骨铭心的相思（图1.3）：

去年元夜时，花市灯如昼。月上柳梢头，人约黄昏后。

今年元夜时，月与灯依旧。不见去年人，泪湿春衫袖。

图1.3 相约黄昏

7

这首词的意思是说：去年正月十五元宵节，花市灯光像白天一样明亮。月儿升起在柳树梢头，佳人约我黄昏以后同叙衷肠。今年正月十五元宵节，月光与灯光仍同去年一样。再也看不到去年的故人，泪珠儿不觉湿透了衣裳。

古代没有钟、表等计时工具，那人们又是如何约定见面的时间呢？

1.2.1 从古诗词中看看古代的时间

词句"去年元夜时""月上柳梢头，人约黄昏后""今年元夜时""不见去年人"等，皆含有时间概念。古人便是通过太阳、月亮的位置等来呈现时间信息的。时间是物理学中的一个基本物理量，我国古代历史资料中就有很多关于时间概念的论述。例如，《管子》一书中的《宙合》篇认为，"宙合"的"宙"含义为四时往复，日月往复，一般概括为时间。《淮南子·齐俗训》曰："往古来今谓之宙。""宙"代表古往今来，即所有的时间。而《墨子·经上》将时间称为"久"："久，弥异时也。"《墨子·经说上》进一步解释道："久，合古今旦莫（暮）。"也就是说，时间是各种不同的具体的时刻、时段的总和，它普遍地概括了"古、今、旦、暮"和"古今、旦暮"等一切特定的时刻和时段。我们平时所说的时间其实就包含时刻和时段两个概念。时刻指的是某个特定的时间点，如早上六点指的是早上刚好六点的这个时间点。时段则指的是一段时间，如一分钟指的是时间长度为一分钟的一段时间。

人类要进行生产活动和人际交流，就必须掌握相对精确的时间标准，也就是说要对岁月、季节、时辰进行划分和测定。

中国古代普遍采用将一日分为十二时辰的计时制度，即把一昼夜平分为十二段，每段叫做一个时辰，合现在的两小时。十二个时辰分别以地支为名称，即子、丑、寅、卯、辰、巳、午、未、申、酉、戌、亥。从半夜起算，以夜半二十三点至一点为子时，一至三点为丑时，三至五点为寅时，依次递推。十二时辰制产生时间相当早，《周礼》中有"掌十有二岁，十有二月，十有二辰"之说，即指一年包含十二个朔望月，一日包含十二个时辰。

而汉代又将这十二个时辰命名为夜半、鸡鸣、平旦、日出、食时、隅中、日中、日昳、晡时、日入、黄昏、人定。在中国古代文学作品中，这些计时名称常常出现，白居易《琵琶行》便有一句："其间旦暮闻何物？杜鹃啼血猿哀鸣。""旦暮"就是指平旦与黄昏的时候，也就是清晨和晚上的意思。又如张继《枫桥夜泊》诗云："姑苏城外寒山寺，夜半钟声到客船。""夜半"即指子时，也就是二十三点至一点这段时间。

如今世界各国普遍采用公历，又称太阳历，是以地球绕太阳公转的运动周期为基础而制定的历法。把地球绕太阳公转一周的时间定为一年，平年365 天，闰年366 天，每四年一闰。一年有 12 个月，每个月平均 30 天左右。一天等分为 24 小时，1 小时又分为 60 分钟，1 分钟有 60 秒，还有毫秒、微秒、纳秒、皮秒、飞秒等。它们之间的换算关系是：1 秒 $=10^3$ 毫秒 $=10^6$ 微秒 $=10^9$ 纳秒 $=10^{12}$ 皮秒 $=10^{15}$ 飞秒。

1.2.2 理尽其用——寻觅时间

在我们日常生活中，常用的时间概念是年、月、日、小时、分钟、秒等，手表、手机、电脑等都可为我们提供时间。那么古代人们又是如何计时的呢？

在远古时代，人们"日出而作，日落而息"，关于时间的概念主要是白天和黑夜的交替，四季的轮回，还有生命的成长和衰老。远古时期，结绳记日或刻木记日等方式基本满足当时人类的生产、生活需要。但随着生产力的发展，人们对时间的精确度要求也越来越高。人们开始利用一些具有规律的事物运动来制造计时仪器。比如利用物体影子在一天中随太阳有规律的变化，来制造计时的仪器。圭，就是垂直于地面立一根杆，通过观察记录它正午时影子的长短变化来确定季节的变化。再如，日晷，利用太阳的投影方向来测定并划分时刻，通常由晷针（表）和晷面（带刻度的表座）组成（图1.4）。除此之外，还有利用水流计时的水钟、利用沙子计时的沙漏等。我国北宋时期著名天文学家苏颂组织建造了一台水运仪象台。它以水作为动力来带动一系列机械运动，每过一刻钟就有木人击鼓报时。与此同时，它还能用于天文观测、天文演示，是世界上最古老的天文钟。

图1.4　日晷

现在人们的计时手段更加先进，计时也更加精准了。比如利用石英晶体在电场中稳定振动的特征制作了石英钟，利用原子的振荡特性制作了原子钟。

这些计时仪器都是针对很短一段时间的计时，如果是一天、一月、一年，则需要参照周期更长的规律运动。比如地球自转一圈的时间约为一天，月球绕地球运行一圈的时间约为一个月，地球绕太阳运行一圈的时间约为一年，海王星绕太阳运行一圈的时间约为165年，而太阳绕银河系中心运行一圈的时间约为2.5亿年。

躬行实践——制作一个水漏

【准备】带盖塑料瓶（一大一小）、大头针、小刀、双面胶

【步骤】

① 用小刀将两个塑料瓶截断，分别选取大塑料瓶的上部分和小塑料瓶的下部分。

② 用大头针在大塑料瓶的瓶盖上扎一个合适的小孔。

③ 用双面胶和小纸片标出不同水量对应的时间线。

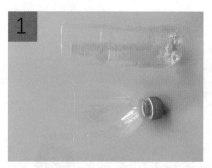  

⚠ 【安全提示】使用小刀和大头针时要注意安全。

你知道吗？

问：上面的塑料瓶可以用完整的瓶身吗？

答：不能。因为有大气压强的存在，如果用完整的瓶身，当瓶内上方空气压强小于瓶外大气压强后，瓶外空气就会有进入瓶内的趋势，从而阻碍瓶内的水流出。

1.3 混沌英雄唯盘古，开天辟地挥神斧

　　我国古代民间流传有这样一个神话故事。相传很久以前，天和地还没有分开，宇宙混沌一片。在混沌之中诞生了一个叫盘古的巨人。他见周围一片混沌，就用神斧朝眼前猛劈过去。于是混沌渐渐分开，轻而清的东西，缓缓上升，变成了天；重而浊的东西，慢慢下降，变成了地。天和地分开以后，盘古担心它们还会合在一起，就用头顶着天，用脚使劲蹬着地。天，每天升高一丈，盘古也随之越长越高，变成一个顶天立地的巨人。后来，他的身体幻化成了宇宙万物（图1.5）。

　　盘古开天辟地的神话故事其实就是我国古代人们对宇宙起源的一种猜测和思考。那到底我们所处的宇宙从何而来呢？

图1.5　盘古开天辟地

1.3.1 从"盘古开天辟地"谈谈我国古代宇宙起源说

从中国古代流传的一些神话和学说中，我们可以看出古人关于宇宙起源的一些想法。

彝族的创世神话：相传远古的时候，宇宙混沌未分，没有天地。格兹天神要造天地，他从天上放下九个金果变成九个儿子，让九个儿子中的五人来造天，要把天造成一把伞的形状；接着又放下七个银果变成七个姑娘，让七个姑娘中的四人来造地，要把地造成一座轿子的形状。他把世上最凶猛的老虎杀掉，用虎的四根大骨作撑天的柱子。天地造好以后，世上还没有万物，于是又用剩下的虎的躯体变成了天地间的万物。

阴阳说认为阴阳两种相对立的气是天地万物之源。阴阳相合，万物生长，在天形成风、云、雷、雨各种自然气象，在地形成河、海、山、川等大地形体，在方位则是东、西、南、北四方，在气候则为春、夏、秋、冬四季。阴阳说体现了中国古代唯物哲学朴素的辩证法思想，它认为世界是在阴阳二气作用的推动下产生、发展和变化，世界处于不断的运动变化之中。

好奇是人类的天性，也是人们探索未知世界的动力来源。古时候由于人们的认识有限，不能科学地解释宇宙的起源，但随着人类知识的积累、认识的进步，现在我们对宇宙起源的认识已经更加深入了。

1.3.2 理尽其用——宇宙大爆炸理论

随着科技的进步，关于宇宙起源的解释也逐渐成熟，现在比较有影响力的理论是"宇宙大爆炸理论"。

20 世纪 20 年代，天文学家观测到了红移现象，即许多河外星系的光谱线波长比地球上同种元素的光谱线波长要长。美国天文学家哈勃在 1929 年总结出了星系谱线红移与星系同地球之间的距离成正比的规律。他在理论中指出：如果认为谱线红移是多普勒效应的结果，则意味着河外星系都在离开我们向远方退行，而且距离越远的星系远离我们的速度越快。

20世纪40年代，物理学家伽莫夫等人正式提出宇宙大爆炸理论。该理论认为：宇宙在很久之前处于极度高温、极大密度的状态，称为"原始火球"。后来，火球爆炸，宇宙就开始膨胀，温度逐渐降低，物质密度逐渐变小，在宇宙逐渐膨胀的过程中，逐渐形成了原子、宇宙尘埃、恒星和星系。这个过程一直持续到今天，并且仍将持续下去。

宇宙大爆炸理论能解释红移现象，也能较为完美地解释许多天体物理学问题，但仍然需要继续寻找新的证据，进一步完善。科学知识的探索之路是永无止境的！

1.3.3 躬行实践——感受多普勒效应

【准备】一辆带警笛的玩具车、一部有录音功能的手机

【步骤】

① 找一个空旷、安静的平坦空地，打开手机录音功能准备录音。

② 让警笛玩具车在离手机不远处开始鸣笛，并保持距离不变，用手机录下鸣笛声。

③ 保持手机位置不动，让警笛玩具车开始鸣笛，并快速远离手机，用手机录下这个过程的鸣笛声。

④ 保持手机位置不动，让警笛玩具车开始鸣笛，并快速靠近手机，用手机录下这个过程的鸣笛声。

比较三个过程鸣笛声除了声音大小外的其他变化。

问：为什么警笛的声音会有变化？

答：不同声音的区别实际和三个因素有关：频率、音色、响度。只要其中一个因素发生变化了，声音就会有变化。实验中当警笛玩具车和手机相互靠近或远离时，手机录入的警笛声的频率会发生变化，所以，我们听到的手机里的警笛声就会有变化。实际上，宇宙的红移现象本质也是因为多普勒效应，科学家通过观测电磁波的变化发现宇宙在膨胀。

第 2 章 华夏之声

2.1 若言琴上有琴声，放在匣中何不鸣

在有关声音的资料中，关于声乐的记载颇多，在上古时代弦乐器已有了雏形，作为传统乐器代表之一的古琴（图 2.1），一直流传至今。对于乐器如何发声，古人也曾进行过讨论。宋代诗人苏轼在《琴诗》中写道：

若言琴上有琴声，放在匣中何不鸣？

若言声在指头上，何不于君指上听？

图 2.1 古琴演奏

中国传统文化的物理之光

如果说琴声发自琴，那么把它放进盒子里为什么不响？如果说琴声是由手指头发出的，那么为什么不在你的手指上听琴声？说明琴声的产生不能光靠琴，也不能只靠手指。古诗文中关于发声的记载，包括但不限于在讨论乐器发声方面。唐代诗人孟浩然在《宿桐庐江寄广陵旧游》中，用"风鸣两岸叶，月照一孤舟"表达孤独感和情绪的动荡不宁。两岸的风吹动树叶沙沙作响，月光如水映照江畔一叶孤舟。风吹动树叶，树叶为何会发出沙沙的声响？这其实也与声音的产生原理有关。

2.1.1 从琴声说声音的产生原理

声音由物体的振动产生。固体、液体、气体都能够振动发声。在上面两个案例中，琴声是由琴弦的振动而产生，而沙沙的声响则是由树叶的振动而产生。

古琴属于弦乐器，弦乐器是通过弦的振动而发声。而打击乐器是通过打击使其产生振动，从而发出声音，如磬、鼓、锣等。管乐器如长笛、箫等，这些乐器都有一段空气柱，吹奏时空气柱振动发声。

和各式各样的传统乐器一样，鱼洗（图2.2）也是一个神奇的存在。它的形状像一个洗脸盆，是扁平的，盆沿左右各有一个把柄，称为双耳。鱼洗奇妙的地方在于：在盆内盛水后，手掌蘸少许水，用手掌内侧摩擦双耳，立即发出

图2.2 鱼洗

响亮的嗡嗡声，盆会像受撞击一样振动起来，盆内水波荡漾。

一切正在发声的物体都在振动，振动停止，发声也停止。在古装剧中我们可以经常看到主人公在宴会上弹琴的场景，一旦弦断，或者用手按住琴弦，则琴声停止。这便是利用振动停止，发声也停止的原理。

2.1.2 理尽其用——声音产生原理的应用

在现代生活中，扬声器的应用非常广泛。它是一种将电信号转换成声信号的器件，常应用于音响、手机和电脑等发声的电子设备。其原理是随声音变化的电流信号通过电磁、压电或静电效应使其纸盆或膜片振动，从而发出声音。

除了扬声器外，鸣音水壶也是利用了声音由振动产生的原理。用鸣音水壶烧水，当水烧开的时候，壶嘴就会发出尖叫声，以此提醒人们水烧开了。在壶嘴上套着一个开着小缝的盖子，烧水时，把壶盖盖严，水沸腾时产生的大量水蒸气只能从壶嘴的小缝喷出，气流迫使壶嘴附近的空气振动，从而发出声音。

在自然界中，雄蝉利用其腹部的发声膜收缩振动而发出声音，青蛙靠位于喉门的软骨上面的声带振动发声，人利用声带的振动发声。这些都说明声音是由物体振动产生的。

2.1.3 躬行实践——自制神奇的塑料笛

【准备】带盖塑料瓶、气球、吸管、剪刀

【步骤】

① 拿一个空塑料瓶，用剪刀将空塑料瓶分成两半，取上半部分。将气球的头部剪下不用，将底部张开后蒙住塑料瓶的截面。

② 用剪刀在塑料瓶身上钻个小孔。

③ 同样在瓶盖上钻孔，然后将吸管插入瓶内，与气球相接触，塑料笛就制作完成啦。对着瓶子侧面的小孔吹吹看，是否能发出响亮的声音呢？

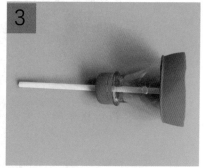

⚠ **【安全提示】**剪刀锋利，截切后的塑料碎片也扎人，使用剪刀剪切塑料时要注意安全。

问：扎破充满空气的气球时为什么会发出"嘭"的响声？

答：破裂前，气球内部气压大于外部气压，气球内的空气被压缩。一旦气球破裂，球内的气体冲出来，与外界空气激烈碰撞，引起强烈的空气振动，从而产生巨大的响声。轮胎在爆破时或火药在爆炸时，都会产生强烈的空气振动，发出刺耳的声音。

2.2 大弦嘈嘈如急雨，小弦切切如私语

　　我们在生活中会听到各种各样的声音，如水流声、风声、鸟鸣声等。不同种类的物体发出的声音不同，而即使是同一种物体发出的声音也有高低、强弱的不同。古人也曾意识到声音的这些特性，并在诗词中体现出来。唐代诗人白居易在《琵琶行》中有这样的诗句流传至今（图2.3）：

　　　　大弦嘈嘈如急雨，小弦切切如私语。
　　　　嘈嘈切切错杂弹，大珠小珠落玉盘。

图2.3　琵琶女

此诗句描述了琵琶女技艺高超。大意是：粗弦嘈嘈，好像是急风骤雨，细弦切切，好像是儿女私语。嘈嘈切切，错杂成一片，如同大珠小珠落满了玉盘。这里大弦小弦声音的不同，主要是指它们发出声音的音调有所差别。

而唐代诗人李白在《夜宿山寺》中写道："不敢高声语，恐惊天上人。"大意是：站在这里不敢高声说话，唯恐惊动了天上的仙人。诗句用夸张的手法描绘了山寺的高耸，渲染山寺之奇高，给人以身临其境的感觉。这里的"高声语"则与声音的另一个特性——响度有关。"高"在这里指响度大。

宋代柳永在《望海潮·东南形胜》中写道："羌管弄晴，菱歌泛夜，嬉嬉钓叟莲娃。"大意是：晴天欢快地吹奏羌笛，夜晚划船采菱唱歌，钓鱼的老翁、采莲的姑娘都喜笑颜开。这是对钱塘风物人情的描写，表现钱塘富庶、民风淳朴、生活安逸，体现的是一种自由自在的生活情趣。羌笛吹来，人耳能立刻分辨，其中便体现了不同乐器音色不同的物理知识。

2.2.1 从"大弦小弦"说声音的特征

声音有三个基本特征：音调、响度、音色。音调指声音的高低。例如，我们常说的海豚音指的就是音调很高的声音。而音调的高低与物体振动的快慢有关。物体振动得快，发出的音调就高；振动得慢，音调就低。比如钢尺振动时，伸出桌边的长度越短，振动越快，音调越高。之所以大弦小弦发出不同的音调，原因就是它们发出声音的振动频率不同，粗而长的弦振动频率慢、音调低；细而短的弦振动频率快、音调高。

古人常将音调的知识应用在乐器上。对于古琴，弦长越短，弦振动就越快，其音调就越高。对于编钟，钟的大小和音调的高低直接相关。编钟越大，敲击时振动频率越低，音调就越低。编钟在古代一般用于祭祀或宴饮。战国时期的曾侯乙编钟（图2.4）是我国迄今发现数量最多、保存最好、音律最全、气势最宏伟的一套编钟。它是由六十五件青铜编钟组成的庞大的打击乐器，其音域跨五个半八度，十二个半音齐备。

图2.4　曾侯乙编钟

响度指声音的强弱，也就是指我们平常所说的声音的大小。声音强弱的等级用分贝来表示，符号是 dB。人刚能听到的最微弱的声音是 0 分贝，平日里人们正常说话的音量大约是 40 ~ 60 分贝。研究数据显示，持续暴露在 85 分贝的噪声中会对人体造成危害。人听到声音是否响亮，与发声体的振幅和人距发声体距离有关。当传播距离一定时，发声体的振幅越大，响度越大。由于声音是从发声体向四面八方传播的，越到远处越分散，正如我们常说的"近听似炸雷，远听似蚊声"。就同一发声体来说，距离发声体越远，听到的声音越小。用喇叭可以使声波集中向前方传播，这样可以使声音在一个方向传得更远。

不同的物体发出的声音即便音调和响度相同，我们还是能够分辨出它们的不同。这表明声音还有另一个特性，就是音色。音色由物体本身决定，不同发声体的材料、结构不同，发出声音的音色也就不同。人们根据音色能够辨别不同的乐器或区分不同的人，也就是所谓的"闻其声知其人"。我们还可以通过音色来模仿各种各样的声音，如飞禽猛兽、风雨雷电等。我国民间表演技艺——口技，便是利用这个原理。表演者用口、齿、唇、舌等器官模仿大自然的各种声音，能够让听的人感到身临其境。口技还曾运用到军事和外交上面。据《史记·孟尝君列传》载，齐国孟尝君出使秦被昭王扣留。孟尝君有一门客学狗叫，偷得狐白裘来贿赂昭王妾，从而使孟尝君得到放行。孟尝君逃至函谷关时，昭王又令追捕。他的另一门客学鸡叫，引众鸡齐鸣，骗守关官吏打开城门，从而逃脱。

2.2.2 理尽其用——声音特征的应用

（1）音调

在现代生活中，音调的知识得到了广泛的应用。比如往暖水瓶里灌开水时，可根据听到的声音音调的变化判断水满与否。随着暖水瓶中水的增多，听到的声音音调逐渐变高，灌满时音调最高。道理很简单：灌水的时候，瓶里的空气受到振动，发出声音。开始的时候里边的空气多，空气柱长，它振动起来比较慢，频率低，发出的音调也就低了。随着水越灌越多，空气越来越少，空气柱越来越短，短空气柱振动得快，频率高，音调也变高了。此外，养蜂员根据蜜蜂发出的嗡嗡声的音调，就可以知道它们是飞出去采蜜，还是采好了蜜回蜂房。因为蜜蜂在不带花蜜时，翅膀轻，振动快，所发声音的音调高；

而带花蜜回来时，翅膀重，振动慢，发声的音调低。

（2）响度

鼓是我国传统的打击乐器。击鼓时发出的声音激越雄壮，并且传声很远。它能振奋人们的精神，激发人们的斗志。因此不管是在艺术表演的舞台上，还是两军对垒的战场上，往往都离不开鼓。要提高鼓发出声音的响度，最常见的做法是用更大的力度击鼓，使鼓面振动幅度变大。而在弹奏琵琶时，人们通过控制拨动弦的力度来改变琵琶产生的声音的响度。

此外，我们常在影视剧和武侠小说中看到的少林七十二绝技之一——"狮吼功"，也与响度有关。曾在一档电视节目中，一名挑战者用吼声震碎了玻璃杯。该挑战者其实就是通过发出与玻璃杯固有频率一致的声音，使之产生共振，振动幅度超出杯子的强度，使得杯子破碎。但要练成"狮吼功"，必须能发出与玻璃杯固有频率相同的声音，还要有强大的肺活量来提供源源不断的振动气流以便产生共振，另外吼声的响度必须要很大才行。

（3）音色

变声器是通过改变输入音频的音色、音调，并将变声后的音频输出的工具。人们通过变声器可将自身声音的音色完全改变，变成另一种声音。变声器可分为变声器硬件和变声器软件。变声器硬件形状类似铁盒子，上面有变声选择按钮。它主要是依靠内部电子元器件来实现变声，可随身携带。

2.2.3 躬行实践——自制吸管风笛

【准备】吸管（10 支）、剪刀、双面胶、彩纸

【步骤】

① 拿 10 支吸管粘在双面胶上，让吸管尖头朝上。

② 把吸管的平头沿第一支管顶端画一直线并剪齐。

③ 再粘一条双面胶，贴上一张大小合适的彩纸做装饰，吸管风笛就制作完成了。试试在吸管风笛上方 1 厘米的地方向吸管口吹气，感受音调的变化。

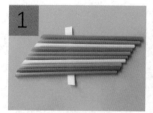  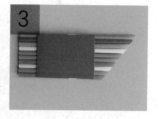

 【安全提示】剪刀锋利，吸管也可能扎人，使用剪刀剪切吸管时要注意安全。

问：为什么人们敲一敲西瓜就能判断西瓜是生的还是熟的？

答：人们是根据敲西瓜时发出的声音来判断的。由于生西瓜和熟西瓜的材料和结构不同，所以敲击时发出的音色和音调都不同。生西瓜的瓜瓤组织紧密，所含水分较少，敲击时发出的声音清脆，音调高；熟西瓜的瓜瓤组织相对松散，水分足，敲击时发出的声音较为沉闷，音调低。

2.3 怕得鱼惊不应人

唐代诗人胡令能在《小儿垂钓》中写道（图 2.5）：

蓬头稚子学垂纶，

侧坐莓苔草映身。

路人借问遥招手，

怕得鱼惊不应人。

图 2.5 怕得鱼惊不应人

此诗是唐代诗人胡令能到农村去寻找一个朋友，向钓鱼儿童问路后所创作的一首诗歌。诗中后两句大意是：儿童遇到有人问路，老远就招着小手，因为不敢大声应答，担心鱼儿被吓跑。这正是体现了声音能够在水中传播，从而可能会导致鱼儿被惊走。

声音除了能够在液体中传播之外，也能在固体中传播。战国初期，各地战火纷飞，因此当时的人想出了很多抵御战争、勘察敌情的方法。其中，较为著名的就是记录在《墨子·备穴》中的陶瓷共鸣器。当时人们在城墙根下每隔一定的距离挖一个深坑，每个坑中埋下一个容积七八十升的陶瓮，瓮口蒙上一层皮革。再让听觉较为灵敏的人在瓮口听动静，如果敌人想在地下挖隧道攻城，便可发觉，同时还可根据瓮声的响度差判断敌军的大概位置。

这种方法的声学依据是经皮革蒙过的瓮实际相当于一个共鸣器，若有敌人挖地道，则该声波经过地下传到坛中，坛子里的空气柱便会发生共鸣，从而引起瓶口皮革的振动，导致声音较大。这说明早在战国时期古人对声音在固体中的传播就有所利用。同样地，古人行军宿营时用牛皮制成箭筒，睡觉时用其作为枕头，紧贴地面，听敌军动静，也是这个道理。

此外，郦道元在《三峡》中写道："每至晴初霜旦，林寒涧肃，常有高猿长啸，属引凄异，空谷传响，哀转久绝。"大意是：在秋天，每到初晴的时候或下霜的早晨，树林和山涧显出一片清凉和寂静，经常有高处的猿猴拉长声音啼叫，声音持续不断，非常凄凉怪异，空荡的山谷里传来猿叫的回声，悲哀婉转，很久才消失。猿啼声是通过空气传入人耳的，说明气体也可以传播声音。

2.3.1 声音的传播

声音在空间中以波的形式传播（图2.6）。古人对于声波也有一定的认识。

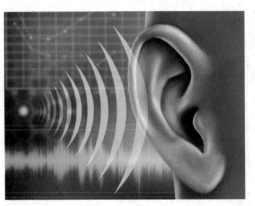

汉代王充在《论衡·变虚篇》中写道："今人操行变气，远近宜与鱼等；气应而变，宜与水均。"他认为人的言行能使空气振动，鱼能使水振动，说明声音在空气中的传播和水波在水中的传播相似。

图2.6 声波

声音的传播需要物质，这样的物质叫做介质。固体、液体、气体都可以传播声音，真空不能传声。我们用声速来描述声音传播的快慢，它的大小等于声音在每秒内传播的距离。声速的大小与介质的种类和介质的温度都有关系。比如在15℃的空气中声速是340米/秒，而在25℃的空气中声速是346米/秒。声音在常温水中的传播速度是1500米/秒，而在铁棒中的传播速度是5200米/秒。一般情况下声音在固体中传播的速度最大，液体次之，在气体中传播的速度最小。

明代时，古人发现将去节的竹筒插入水底，耳朵靠近竹筒的一端，能够听到水下鱼群活动的声音，渔民常利用此法捕鱼。明代田汝成所著《西湖游览志馀》记载："渔人以竹筒探水底，闻其声，乃下网截流取之。"在这里古人巧妙地利用了液体与固体能传播声音的知识。

声音在传播过程中，如果遇到障碍物就会被反射。我们对着远处的高墙或山崖喊话以后听到的回声，就是反射回来的声音。

2.3.2 理尽其用——声音传播的应用

近年来我国发生了好几起破坏性很大的地震，如2008年四川汶川地震、

2010 年青海玉树地震以及 2017 年四川九寨沟地震等。地震发生后，如果人们具备一定的自救知识，则可有效地减少丧生人数。比如被埋在废墟里的人可以用硬物敲击墙壁或管道，及时向营救人员发出求救信号，从而获救。这是因为声音在固体中传播得更快、更远，因而更容易被营救人员听到。

声音通过头骨、颌骨也能传到听觉神经，引起听觉。我们把声音的这种传导方式叫做骨传导。也就是说骨传导是通过固体来传播声音，因此在嘈杂的环境下可保持声音较高的清晰度。骨传导可应用在工业、战场等特殊场合中。例如军人在戴着防毒面具时，嘴边不适合挂着麦克风，此时便可在头顶、颈部或耳部戴上骨传导麦克风。此外，利用骨传导原理制成的助听器和耳机在生活中也有广泛的应用。

除了固体、液体和气体外，我们还可以利用电流和电磁波来传播声音。电话便是利用电流来传播声音。当一个人拿起电话机讲话时，说话者的声带振动能够引起周围空气的振动，从而形成声波。该声波作用于话筒上面，能够产生电流，即是音频电流。音频电流沿着线路输送到对方的电话机内，对方的电话机上的听筒将音频电流转化成声波，传到听话人的耳朵里。这样即完成了一个简单的通话过程。

声音不能在真空中传播，但电磁波是可以在真空中传播的。因此在没有空气的太空，宇航员不能直接用言语交谈，所有的交流必须依靠无线电才行，这里的无线电指的就是电磁波。

2.3.3　躬行实践——一根绳子、两个杯子体验声音的快乐 ❧

【准备】纸杯（2 个）、一团棉线、牙签

【步骤】

① 在纸杯底部用牙签穿一个小孔，另一纸杯同样方法操作。

② 用一根长线将两个纸杯底部背靠背穿过，并在长线两头分别打两个比孔稍大的结。

③ 制作完成之后将绳子绷直，一个人在纸杯一头对着纸杯说话，另一个人将另一纸杯贴近耳朵即可听到声音。

 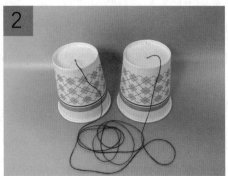

 【安全提示】牙签锋利，注意安全。

你知道吗？

问：北京天坛公园里有个回音壁，为什么你站在一端贴着圆形围墙说话，站在另一端的人只要耳贴墙面就能听得清晰？

答：天坛回音壁的围墙弧度十分规则，墙面光滑整齐。由于围墙的形状是圆形的，声音传播一定距离就会遭遇阻碍，发生反射。又因为墙面十分光滑，对声音的吸收很少，所以当声音完成多次反射传入人耳的时候，还能保持较为清晰的状态。

中国传统文化的物理之光

第3章　五彩斑斓的光世界

3.1 探秘古老的小孔成像

墨子（名翟）是我国历史上著名的哲学家，创立了墨家学说。早在先秦时期，墨家就与儒家并称"显学"。墨子在战国时期创立了以几何学、物理学、光学为突出成就的一套科学理论，因此以墨子为首的墨家是春秋战国时期科学成就最大的学派。相传墨子及其弟子从事光学实验，进行了较为精密的观察并记录下了实验现象。现存的墨家著作《墨经》有 8 条连续的文字记下了部分光学实验现象，分别是：论影、光线与影的关系、以类似小孔照相匣的实验证明光的直线行进的性质、光反射、根据物体与光源的相对位置确定影子的大小、平面镜成像、凹面镜成像、凸面镜成像。寥寥数百字，记录了光源、影、像的各个方面，从而奠定了几何光学的基础。

墨家开展了世界上最早的"小孔成像"实验。《墨经》中对实验现象记载："景到，在午有端，与景长，说在端。"这句话的意思是说：影像倒立，在光线交叉的地方会有一个小孔，影像的大小取决于小孔相对于物、像的位置。如图 3.1 所示。

3.1.1 小孔成像的秘密

对于小孔成像现象的解释，在《墨子·经说下》中有更为细致的描述："景，光之人，煦若射。下者之人也高，高者之人也下。足敝下光，故成景于上；首敝上光，故成景于下。在远近有端，与于光，故景库内也。"

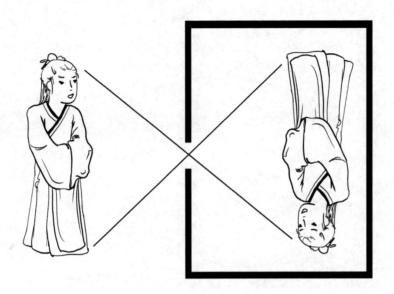

图 3.1 小孔成像实验

这里的意思是：下方的光向上照到人，上方的光向下照到人。脚挡住了下方的光，所以在上方成像；头挡住了上方的光，所以在下方成像。由于在或远或近的地方有个小孔限制了光，所以成像在密室里（图 3.1）。

　　无论是根据古人对光现象的观察还是后人的继续探索，大量的实验都说明光可以在空气、水、玻璃等透明介质中传播，这些物质叫做光的介质。同时也观察到光能够在同种均匀介质中沿直线传播，这也能够很好地解释诸如小孔成像、影子的形成等很多生活常见的现象。

　　为了形象地表示光沿直线传播的现象，通常用一条带有箭头的直线表示光传播的轨迹和方向，这样的直线称为光线。

　　炎炎夏日，在大树下乘凉的我们经常可以看到地面上有一个个小的圆形亮斑（图 3.2）。我们想到的是这些亮斑是阳光透过树叶的空隙之后在地面上形成的。但是仔细一想，树叶之间的空隙各种形状都有，为什么都能够形成圆形的亮斑呢？其实和前面提到的小孔照相匣原理类似，我们可以将树叶之

图 3.2　圆形亮斑

间的空隙看做小孔照相匣的小孔，虽然树叶之间的空隙比照相匣的孔大，但是同太阳的尺寸以及太阳到树叶之间的距离相比，这个空隙是非常小的。因此由于光沿直线传播，太阳发出的光就通过树叶之间的"小孔"在地面上成像，又因为我们可以粗略地将太阳看成圆形的，所以我们就看到了地面上的圆形亮斑。

3.1.2　理尽其用——独特的天文奇观

　　光的直线传播在天文学中有两种非常著名的天文现象——日食和月食的形成。

　　当月球运行到太阳和地球中间，三者正好处于一条直线上，因月球挡住了太阳照射到地球上的光，月球身后的黑影正好落在地球上，由此便形成了日食，如图 3.3 所示。

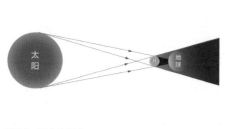

图 3.3　日食的形成

　　月食也是一种特殊的天文现象，当月球运行至地球的影子中时，地球处于太阳和月球之间，在月球和地球之间的地区由于太阳光被地球遮挡，因此会看到月球缺失了一块，由此便形成了月食，如图 3.4 所示。

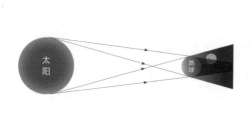

图 3.4　月食的形成

　　在现代修建高层建筑时，一个必不可少的步骤就是电梯的安装。要将电梯轨道安装得笔直，采用重垂线的方式并不容易。因此根据光的直线传播的原理，激光垂准仪应运而生。激光垂准仪利用光学准直原理，将可见激光产生的铅垂线对准基准点从而进行定位。这样工人在电梯最底端放置一台激光垂准仪，便能够根据其射出的光线替代传统的重垂线，保证电梯轨道的顺利安装。当然在其他施工场合，如安装高塔、烟囱、发射井等机械设备时，也会用到该装置。

3.1.3 躬行实践——重温儿时游戏

回味古老的小孔成像

【准备】剪刀、卡纸、双面胶、铅笔、直尺、透光性很好的薄纸、针

【步骤】

① 在卡纸上面画一个边长约 6 厘米的正方体展开图。

② 将卡纸上的正方体展开图剪下，由于最终的正方体只需 5 面，因此 f 面也一并剪掉，同时在 c 面正中央用针戳一个小孔。注意在 b、d 面边缘处适当留出一定余料供粘贴使用。

③ 将剪好的正方体展开图用双面胶粘成一个正方体。

④ 在开口面（c 面对面）粘贴一张透光性好的薄纸。

⑤ 将做好的正方体薄纸面正对阳光或光源处，在薄纸前方适当距离处比一个手势动作，眼睛在 c 面的小孔处观察，即可观察到与所比手势倒立的像。

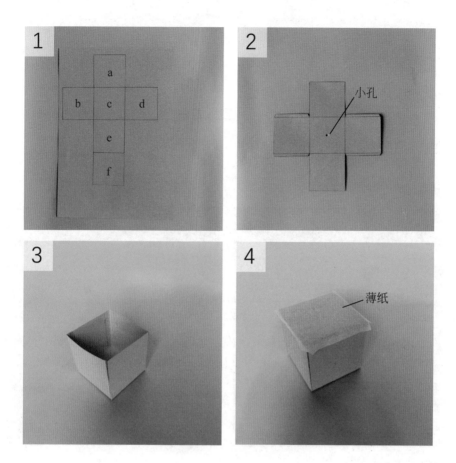

问：我们在做小孔成像的实验时，孔径能否太大？

答：孔的大小、物与小孔的距离配合要适当，以保证所成的像既清晰又有一定的亮度。一般来说，孔径越小，像越清晰；孔径越大，物与小孔屏的距离应越大。当然，孔大到一定程度之后，就无法成像了。

手影游戏

准备一盏台灯（或者在月光之下）、一个屏幕。将手放置于光源和屏幕中间，变换不同的手势，即可得到不同的图像，如各种小动物。如图 3.5 所示。

图 3.5　手影游戏

⚠️ 【安全提示】为防止影子边缘模糊，尽量选择较小的光源进行实验。注意保护眼睛，不要直视光源，谨防强光刺激眼睛。

3.2 杯中为何有"蛇"

　　善于观察生活的我们会发现，当光遇到水面或者镜面时，光的传播方向会发生改变，即发生了反射。其实不止我们，对于水面或是镜面引发的一些现象，古人也有所发现。

　　相传古时候有一个名叫应郴的县令，在一年夏季邀请一位老朋友杜宣到家中做客。酒席设在厅堂里面，而厅堂北面的墙上挂着一张红色的弩弓，弩弓的影子映在杜宣的酒杯之中，像是一条小蛇在杯中游动，杜宣顿时吓出了冷汗（图3.6）。但由于是在县令家中做客，出于礼貌，杜宣不得不饮，只得将那杯装有"蛇"的酒饮入肚中。回到家中，杜宣越来越觉得刚才在应郴家中饮入的是装有蛇的酒，甚至还隐隐约约觉得蛇在肚中来回蠕动，越想心里越难受，觉得胸腹疼痛难忍，吃饭、喝水都变得十分困难。日子久了，杜宣日渐消瘦，请大夫开了药也无

图3.6　杯中的"蛇"

济于事。

　　杜宣好久没有再来应郴家中做客，应郴觉得有点奇怪，于是主动到杜宣家中拜访。得知杜宣已病多日，应郴询问原因，杜宣不得不说出那天饮酒杯中有蛇的实话。应郴回到家中，反复思考这件事情，久久没有想出原因。突然，厅堂北面墙上悬挂的弩弓吸引了他的注意，他随后坐在那天杜宣坐的位置，端起一杯酒，结果发现，酒杯中呈现了弩弓的影子，不仔细观看，确实像是蛇在蠕动。弄清楚原因之后，应郴马上到杜宣家中告诉他杯中有蛇的原因。听了之后，杜宣豁然开朗，疑团顿时解开，久治不愈的病也就好了。

　　在这个故事里面，古人或多或少地知道一些光现象，但是当时并没有一个具体的解释，人们对于一些生活现象的认识还停留在表层。

3.2.1　探寻镜子的奥秘

　　物体是怎样反射光线的呢？我们可通过实验来探究，如图 3.7 所示，将一平面镜垂直固定于一竖直平板上，平面镜下面竖直放置一带有量角器的白纸，白纸上有直线 OP 垂直于平面镜。用激光笔发出一束光贴着纸板以一定角度射向 O 点，光线经过平面镜反射以后会沿另一方向射出。简化后的光路图如图 3.8 所示。规定过入射点 O 垂直于镜面的直线 OP 叫做法线，入射光线与法线 OP 的夹角为入射角 i，反射光线与法线 OP 的夹角为反射角 r。通过实验我们发现，无论入射角是多少，反射角总是与入射角相等，即：$\angle r = \angle i$。此即光的反射定律的核心内容。

　　有了光的反射定律，我们也就不难解释为什么这位友人在喝酒的时候看到了酒杯中的"蛇"了。这是由于对面的墙壁上挂着一个弩弓，酒的液面相

中国传统文化的物理之光

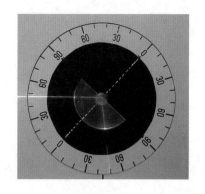

图 3.7　光的反射现象

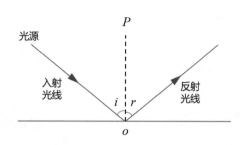

图 3.8　光的反射示意图

当于平面镜，弩弓的影子正好映在透明的酒中，好像一条蛇，因此属于平面镜成像，故该现象是由于光的反射形成的。

　　同样我们也能解释为什么平面镜总能把我们的模样以相同的姿态呈现出来。原来，根据光的反射定律，物体上任意一点发出或反射的光线在经过平面镜反射后，由于反射角和入射角相等，所以我们把光线反向延长回去，就会发现它们交于平面镜后的一点，这就是像点。像点与物点的连线一定垂直于平面镜，且被平面镜平分。物体上所有点在平面镜中都有与之对应的像点，这些像点便组成了物体的完整姿态，如图 3.9 所示。

　　此外，如果让光沿着反射光线的位置入射，可观察到光线会沿着原来的入射光线方向射出。这说明在光的反射现象中，光路是可逆的。当两个人同时照一面镜子时，如果一个人能从镜子里面看到另外

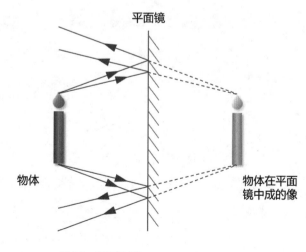

图 3.9　平面镜成像

一个人的眼睛，那么另外一个人也一定能够通过这面镜子看到这个人的眼睛。

但是，我们却不能像照镜子那样在白纸中看到自己的像，而且细心的同学还会发现，阳光照到一张白纸上面，无论从哪个方向我们都能够看到白纸被照亮了，并且也不会很刺眼；但是如果同样的一束太阳光照射到一面镜子上时，只有沿着反射光的方向我们才能看到刺眼的阳光，从其他方向就看不到。这是因为不同物体表面对光的反射情况存在差异。

一束平行光照射到光滑的镜面上，反射光依然是平行的，这样的反射叫做镜面反射，如图 3.10（a）所示。白纸虽然看上去比较平，但是在显微镜下观察其实表面是凹凸不平的，平行光束照射到表面凹凸不平的白纸上面之后，白纸会将光向各个方向反射，这种反射叫做漫反射，如图 3.10（b）所示。

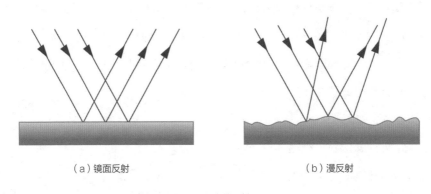

（a）镜面反射　　　　　　　　　　（b）漫反射

图 3.10　光的反射

镜面反射和漫反射都有各自的用途，当我们照镜子时，当然需要能够产生镜面反射的平面镜。但在生活中的更多情况下，我们需要能够从任何角度都能看到一个物体，这时可以产生漫反射的物体就能够派上用场了，比如教室里的同学能够从各个方向看到黑板上的字就是利用了漫反射原理。

中国传统文化的物理之光

理尽其用——反射的应用

在日常生活中，光的反射被应用于很多方面。为保证行车安全，在道路的拐弯处和停车场出入口会设置凸面镜从而让驾驶员能够更好地看清路况，如图 3.11 所示。光的反射原理在医学领域同样有其广泛应用，如耳鼻喉科室常用的辅助检查器械——额镜（图 3.12），是可用于头部佩戴的一个能聚光的凹面反光镜器械，利用反光原理照明鼻子和喉咙里面的情况。当然，由于光反射现象的存在，也会给我们的生活带来一定的困扰，如汽车夜晚行驶时，我们会发现车内的灯通常是关闭的。车内如果亮灯，汽车的挡风玻璃就相当于一面镜子，车内的人或者物品就会在玻璃的反射下在车前方形成虚像，并且由于车内光线较强，所以形成的虚像可能比车外景物更加明显，这会导致司机分不清车内或车外的景物，因此可能导致交通事故。所以，汽车夜晚行驶时需关闭车内灯光。

图 3.11　道路反光镜

图 3.12　额镜

3.2.3 躬行实践——自制无限镜

【准备】两面镜子、一个小物品

【步骤】

① 将两面镜子正对放置，小物品摆放于两镜子中间。

② 在其中一面镜子一侧观察，可看到小物品能在两面镜子中间成无数多个像。

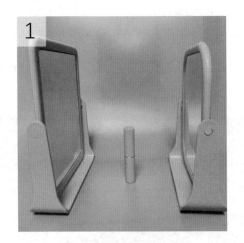 

你知道吗？

问：无限镜的奥秘是什么呢？

答：无限镜的原理是光的无数次反射。光在两面镜子之间多次地反射，所以我们就看到了无数的镜像。

3.3 折射带来的七十二变

关于"蜃"字，较常听说的是与其有关的成语"海市蜃楼"。该成语用于比喻虚幻的事物，也可形容心中想到但不切实际的幻想。海市蜃楼简称蜃景，如图 3.13 所示。蜃指大蛤蜊。相传古时人们认为蜃景是蜃吐气形成的一种奇特的自然景象——在平静的海面、沙漠或戈壁等地方，偶尔在空中或地面以下出现亭阁、城郭、树木等幻景。

在我国古代历史作品中，也有不少关于蜃景的记录，相传在古代有专门观测记录蜃景的人员。宋代著名诗人苏轼曾写过《登州海市》，诗中写道：

东方云海空复空，

群仙出没空明中。

荡摇浮世生万象，

岂有贝阙藏珠宫。

图 3.13 蜃景

诗歌的意思大概是说东边天空一片明净，云朵飘浮其中，天上的很多神仙在空中似有似无，世事变迁，哪儿还珍藏有宝贵的珍珠啊？这里明确表明了海市蜃楼是一种幻景，并不是真实存在的。

《史记·天官书》中写道："海旁蜃气象楼台；广野气成宫阙然。"这里如实记录了海市蜃楼，意思是海边的蜃气像高台楼阁，野外广阔的云气像宫殿一般。但是当时的人们并不了解海市蜃楼的形成原理。

3.3.1 海市蜃楼成因

古人多认为蜃景这种现象是蜃吐气形成的结果。但是否真的是这样呢？解释这个现象之前首先需要弄清楚光的折射和全反射。

通过实验观察到，将一束光以一定角度从空气射入玻璃中，光束进入玻璃之后传播方向发生了偏折，如图3.14所示，简化后的光路图如图3.15所示。规定过入射点O垂直于镜面的直线叫做法线，入射光线与法线OP的夹角为

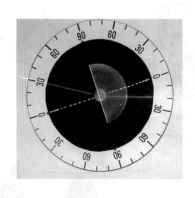

图3.14 光的折射现象

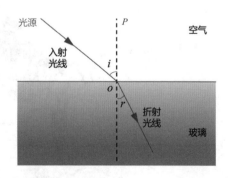

图3.15 光的折射示意图

入射角 i，折射光线与法线 OP 的夹角为折射角 r。实验发现，光从空气斜射进入水中或玻璃中时，或者从水中或玻璃中斜射进入空气时，它的传播路径会发生偏折，这种现象就是光的折射。根据图 3.16 可知，在折射现象中，光路也是可逆的。

通过实验探究，可知光折射的特点：折射光线与入射光线、法线在同一平面内；折射光线和入射光线分居法线两侧；光从空气斜射入水、玻璃或其他介质中时，折射光线靠近法线偏折，折射角小于入射角；若光线垂直入射到介质表面，光的传播方向不变。

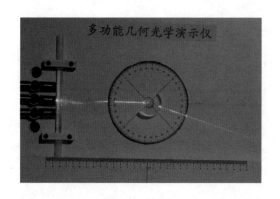

图 3.16　光路可逆现象

根据图 3.16 可知，当光从玻璃斜射入空气时，同时发生了折射和反射现象，且折射光线会向远离法线方向偏折，如果入射角再增加，如图 3.17 所示，折射光线会偏离法线越来越远，而且越来越弱，反射光却越来越强，当入射角增加到某个角度时，折射角达到 90°，折射光线完全消失，仅剩下反射光，这种现象叫做全反射。

通过以上对光的折射和全反射现象的了解，我们就能解释海市蜃楼现象。海市蜃楼实际上就是由光的折射或全反射现象引起的，在海洋或者沙漠中都可能出现。

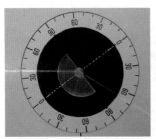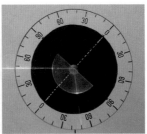

图 3.17 全反射现象

　　夏季的海面上，空气温度很高，但是海面附近空气温度相对较低。根据热胀冷缩的原理可知，下层空气的密度大于上层空气的密度。如果远方地平线下方有一个物体，这个物体反射出的光线向上射，就会在各个不同的空气层之间发生折射，产生弯折，光线则逐渐弯向地面，最后进入人眼。此时由于我们认为光沿直线传播，所以误认为物体在远方的高处，这种属于海市蜃楼中的上蜃一类，如图 3.18 所示。

　　而在沙漠中，探险者经常看到远方出现某些景物的倒影，误认为有水存在，便前去寻找水源，结果到达之后却发现什么也没有。这其实也是属于海市蜃楼的一种，归为下蜃一类，如图 3.19 所示。地表附近的空气温度较高，其密度比上层空气密度小很多，光从上层空气照射到下层空气时，通常会发生全反射现象，因此看到的效果和光照射到水面上发生反射的情况是一样

图 3.18 上蜃

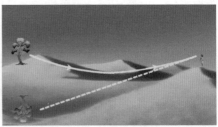

图 3.19 下蜃

的。如果去沙漠中探险，一定要保持警惕，不要被这种现象欺骗而白白浪费体力。

3.3.2 理尽其用——折射的神奇妙用

有关光的折射最典型的应用是透镜。如生活中常用的眼镜、照相机、投影仪等仪器的关键元件便是透镜。透镜又主要分为凸透镜和凹透镜，凸透镜可将一束光汇聚到一点；而凹透镜可使一束光发散开来。其中，凸透镜使光汇聚到一点的特性可用于成像，因此照相机、投影仪等用到的透镜基本属于凸透镜，此外，放大镜也属于凸透镜；而凹透镜一般用于近视眼镜。

此外，折射的一种特殊情况——全反射，在现代科技中有着典型应用。光纤的全称是光导纤维，是由玻璃或塑料制成的纤维，用于光传导，其原理是光的全反射（与折射现象有关，即光从光密质进入光疏质时，可能发生全反射现象），如图 3.20 所示。

图 3.20 光导纤维

光纤最初应用于通信行业，现已发展到其他领域。医学上，光纤内窥镜可导入颅内和心脏部位；在切除胃、肝等手术中，传统的方式需要进行开刀、缝扎，而如今可采用光纤技术进行微创手术。光纤还可与其他光源结合使用，广泛应用于公路、铁路、机场、商业广告等方面。近年来，光纤传感技术的快速发展，凭借其高灵敏度、抗电磁干扰、测量的频带宽、可移植性强等优点，为人们提供了认识宏观和微观世界的新方法。

3.3.3 躬行实践——水中魔术

【准备】透明自封袋、便签、彩笔、一盆水

【步骤】

① 在便签上面画一个图案的一部分。

② 在透明自封袋上面用彩笔再完成图案的另一部分。

③ 将画好的便签装入画好的透明自封袋中，并密封好，防止水进入自封袋。

④ 水盆里面装入适量清水，将画好的透明自封袋紧贴盆边缘放入水中（防止透明自封袋漂浮在水中，影响实验效果）。调整一定的观察角度，观察盆中透明自封袋中物体的变化情况。

中国传统文化的物理之光

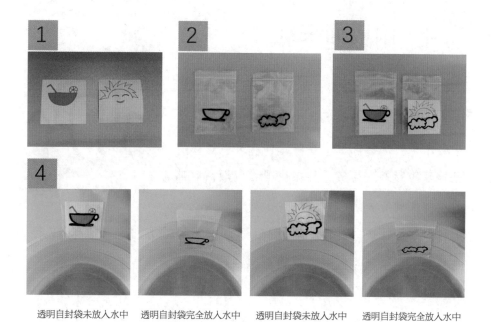

透明自封袋未放入水中　　透明自封袋完全放入水中　　透明自封袋未放入水中　　透明自封袋完全放入水中

 【提示】一定将透明自封袋密封好，防止水进入自封袋。

你 知 道 吗 ？

问：为什么将自封袋放入水中之后能看见袋子表面的图案，而自封袋里面便签上面的图案却"消失"了？

答：眼睛观察自封袋时，自封袋表面图案发生折射时的介质是水，而自封袋内便签上面的图案发生折射时的介质不只是水，还有空气等其他物质。折射的介质不同，发生全反射的条件不一样，故我们将自封袋放入水中之后，袋内的画面就发生了全反射，因此我们看到了橙汁被"喝"掉，太阳公公"消失"的景象。

3.4 雨后何来虹

　　彩虹，是雨后晴朗天空中一道美丽的风景，少见而短暂，有人形容其为"天空的微笑"。在有瀑布的小溪或有水雾的空间，有时也能看见神奇的彩虹。其实，早在我国古代殷商时期的甲骨文就有关于彩虹的记载，那时古人就已

图 3.21　"虹"的甲骨文写法

发现彩虹是阳光与水的结合物。甲骨文中的"虹"字就是"日"和"水"组成的，它有两道圆弧，就像彩虹一般，又有点像弯曲爬行的虫子，如图 3.21 所示。

　　到了宋朝，有文字记载："世传虹能入溪涧饮水，信然。熙宁中，予使契丹，至其极北黑水境永安山下卓帐。是时新雨霁，见虹下帐前涧中。予与同职扣涧观之，虹两头皆垂涧中。使人过涧，隔虹对立，相去数丈，中间如隔绡縠。自西望东则见，盖夕虹也。立涧之东西望，则为日所铄，都无所睹。"意思是：传说虹会到溪流或者山涧中饮水。诗人出使契丹，在极北方黑水境内的永安山下搭建起帐篷。雨后初晴之时，诗人看见彩虹在帐篷前的山涧中出现（图 3.22），便和同行的人一同观赏。但是站在山涧的西边往东边能看到彩虹，如果从东边往

图 3.22　山涧中的彩虹

中国传统文化的物理之光

西边看，只能看到阳光闪烁，却不见彩虹……诗人对于不同的方向观看彩虹，时能看到时不能看到心中存有疑问，也并不知其成因。

其实唐宋时期，古人对虹的认识已经相对深入。唐代孔颖达在《礼记·月令》一书中写道："云薄漏日，日照雨滴，则虹生。"大意是太阳光照在这些小水滴上，被分解为绚丽的七色光。现在来看，这已经比较接近彩虹成因的科学解释。

3.4.1 彩虹成因之色散

自古以来，关于彩虹的传说不在少数，有人说这是一条长龙弯下身子下海吸水；有人说这是一座彩桥，供仙人踏空而过；有刚登上王位的，就说这是吉兆，上天呈祥；有宝座不稳的，就说是江山气数已尽，终日惶惶；也有人说是女娲补天五色神石发出来的彩光。那彩虹究竟是怎样形成的呢？

要想知道彩虹的成因，首先需要了解光的色散。关于色散的故事，还得从著名的英国物理学家牛顿说起。1666 年，牛顿还在剑桥大学当学生时，他就思考过关于颜色的问题。相传牛顿看见门缝透进一缕细细的阳光，在阴暗的房间里显得格外明亮。他进一步思考能否将这一缕阳光分得更细？接下来他让阳光照在三棱镜上，结果一条红、橙、黄、绿、蓝、靛、紫的彩色光带出现在墙壁上。牛顿稍许调整三棱镜的位置之后，看到了一条天上的彩虹出现在房间里（图 3.23）。牛顿对于这个现象非常好奇，反复实验之后，牛顿得出一条结论：我们看到的白光其实是由许多光混合而成的。于是，他又进一步思考：那些单色光又是什么呢？如果再将那些单色光分一次，又能发现什么呢？牛顿经过层层思考并经实验之后发现，单色光通过三棱镜之后不会

图 3.23 牛顿发现"彩虹"

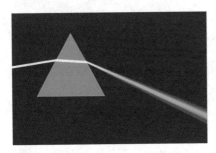

图 3.24 光的色散

再分解，并且各个颜色的光通过三棱镜后折射的角度不同。1672 年，牛顿向英国皇家学会写了一封关于《光和颜色的新理论》的信，牛顿在信中清晰地指出：我们平常看见的白光不过是发光体发出的各种颜色光的混合，白光可以分解成从红到紫的七色光谱。

不同颜色的光在通过三棱镜之后的偏折程度略有不同，其中红光偏折程度最小，紫光偏折程度最大。一般情况下肉眼不易直接看到，但是借助三棱镜就可以把不同颜色的光透过之后的传播路径明显分开，我们就能直接看到这种不同了，这种现象就是光的色散，如图3.24。根据这个理论，彩虹的问题就可以解决了。

而彩虹的形成是由于刚下完雨后，空气中弥散了很多小水珠，这些球形小水珠也是厚度不均匀的透光材料，所以它们也能达到如同三棱镜般的效果。实际上在形成彩虹的时候，光在大量小水珠中经过了一次反射和两次折射，产生了色散。这样观察到彩虹的颜色是紫色在上，红色在下，但平时我们看到的彩虹是红色在上，紫色在下。这又是什么原因呢？

我们看到的彩虹，实际是由千千万万的小水珠共同折射和反射的太阳光组成的。由于位置比较靠上的小水珠折射出来的红光才能进入我们的眼睛中，所以我们感觉最上面的水滴是红色的；而位置比较靠下的小水珠折射出来的紫光才能进入我们的眼睛中，所以我们感觉最下面的水滴是紫色的。中间的

图 3.25　阳光经过多个小水珠

颜色同样依此类推，因此我们实际上看到的彩虹的颜色顺序，和单个小水珠所折射出来的颜色顺序刚好是相反的，如图 3.25 所示。

3.4.2　理尽其用——多彩的光谱图

在牛顿给英国皇家学会写的信中，他还指出：物体呈现的颜色就是物体反射的颜色。据此他创立了光谱理论。像太阳一样的复色光经过色散系统（如棱镜）分光后，被色散开的单色光按波长（或频率）大小而依次排列的图案，就称为光谱。三棱镜将太阳光分成了不同颜色的光，它们按照一定的顺序排列，形成了太阳的可见光谱，如图 3.26 所示。

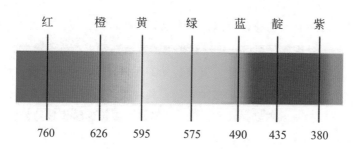

图 3.26　太阳光的可见光谱（单位：埃，1 埃 $=10^{-10}$ 米）

科学蜜窖

多彩的光谱

其实对于光谱，还有更细致的分类。按照产生方式，光谱可分为发射光谱、吸收光谱和散射光谱。我们较常遇见的是发射光谱，其具体可分为连续光谱、线状光谱和带状光谱。连续光谱主要产生于炽热的固体、液体或高压气体受激发发射电磁辐射时，由连续分布的一切波长的光组成，如白炽灯形成的光谱。线状光谱又叫做原子光谱，由一些不连续的亮线组成，稀薄气体或金属的蒸气的发射光谱是线状光谱。部分光谱图如图 3.27 所示。观察表明，不同元素能够形成不同的光谱。据此，可根据物质的光谱来鉴别物质及确定它的化学组成和相对含量，这个方法叫光谱分析，其优点是灵敏、迅速。

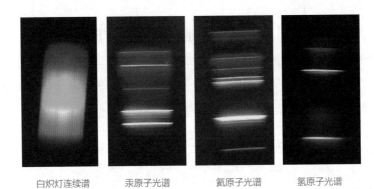

白炽灯连续谱　　　汞原子光谱　　　氦原子光谱　　　氢原子光谱

图 3.27　部分光谱图

基尔霍夫和本生这两位科学家在意识到不同的元素发出的光谱各不相同之后，就想到了可以通过观察光谱的方法来分析物质的组成。由此，他们发现了铷、铯等新元素。其实，他们还研究了太阳的光谱，并且发现组成太阳的元素种类和组成地球的元素种类并没有太大差异，差异体现在各元素的比例不同。通过光谱，还可以知道遥远的恒星的化学组成、温度分布、物理状态和演化规律等。

中国传统文化的物理之光

躬行实践——自制彩虹

（1）纸上的彩虹

【准备】一盆水、一面镜子、电工胶布

【步骤】

① 把镜子多余的地方用电工胶布粘住，只留一条缝。

② 把一盆水放于太阳光下，将镜子斜放入水中。

③ 调整镜子的角度，让阳光投到墙上。你们看到了什么呢?

⚠ 【安全提示】请勿直接对着镜子观察，也不可以将阳光反射到眼睛中。

（2）空中的彩虹

【准备】水、喷雾器（或水管）

【步骤】

① 将喷雾器灌满水。

② 背对阳光，用喷雾器喷水（或手握水管，让水喷成雾状）。

⚠ 【安全提示】眼睛不可以正对太阳。

问：正对阳光喷雾，能够看到彩虹吗？

答：正对阳光喷雾，看不到彩虹。根据彩虹形成的原理图，要看到彩虹就需要在水滴背面反射一次太阳光，而正对太阳观察，我们就只能看到没有被反射而直接透过水滴的那部分太阳光，因此也就不能看到彩虹啦。

问：有时我们会在彩虹外面看到一圈更暗、颜色顺序完全相反的"彩虹"，一般称为"霓"。请想一想，霓又是怎么形成的呢？

答：霓是由于从水滴另外一个位置入射的太阳光，在水滴中经过两次反射而形成的，每反射一次彩虹的颜色顺序就交换一次，所以霓的颜色是相反的。同时每反射一次，就会有部分阳光透过水滴，所以第二次反射的阳光就会少很多，因此霓比一般的彩虹暗。同样地，其实也存在经过水滴反射三次、四次甚至更多次数的彩虹，只是它们更暗了，我们也就观察不到啦。

第4章 力，形之所以奋也

4.1 漫漫平沙走白虹，瑶台失手玉杯空

相信你一定听说过气势磅礴的钱塘江大潮吧。钱塘江在浙江省，江口是个虎口的形状。海水涨潮倒灌进来，受到河床的约束，就会掀起巨大波澜，这便是自古有名的钱塘江大潮。潮水上涨时，势如奔马，铺天盖地，蔚为壮观（图4.1）。历代文人留下了许多描写江潮的诗文，陈师道也作了近十首观潮诗，下面这首《十七日观潮》就是其中的一首。

漫漫平沙走白虹，

瑶台失手玉杯空。

晴天摇动清江底，

晚日浮沉急浪中。

图4.1　钱塘江大潮

通常，大潮在每年八月十六日到十八日水势最猛，诗人观潮选在十七日这一天，刚好欣赏到了那雄伟奇丽的壮观。这首诗的第一句写的是潮头，像一道奔腾的白虹，霎时盖满了江两岸的沙滩；第二句写的是掀起的水波浪花，像天上的仙杯倾倒，溅起碎银玉屑；三、四两句是写满江涌动的潮水的力量，撼动了倒映其中的天地日月。诗歌用比喻、想象、烘托手法写出了钱塘江潮的势和力。

除了对潮汐的直接描写，我国古代对潮汐有着更深入的研究，比如宋代的徐兢就在《宣和奉使高丽图经·海道一》中提到："潮汐往来，应期不爽，为天地之至信。"意思是潮汐的涨落，日期极其应验，从未出过差错，是天地之间最准确的信息。那么日期这么有规律的原因是什么呢？

4.1.1 钱塘江大潮与万有引力

日月星辰，斗转星移，从古到今，天体的运动一直为人们所关注，很多人为此进行过许多观察和研究。人们曾经长期认为地球是宇宙的中心，日、月、星辰都围绕着地球旋转，直到波兰科学家哥白尼提出了日心说。在开普勒、牛顿等科学家的不断探索下，人们找出了太阳系行星运动的规律。那么，行星为何会绕太阳运转呢？

牛顿等科学家认为，太阳对行星的引力是行星围绕太阳运动的原因，他们进一步研究了太阳与行星之间的引力、行星与卫星之间的引力、地球与地面上物体之间的引力等，发现它们都是同一种性质的力，并大胆地推测在宇宙中任何物体之间都存在着相互吸引力，称为万有引力，并由此提出了万有引力定律。

万有引力定律表明：自然界中任何两个物体都相互吸引，引力的大小与这两个物体的质量的乘积成正比，跟它们距离的二次方成反比（图4.2）。由于万有引力常量（G）的数值非常小，对于质量较小的物体来说，它们之间的万有引力也非常小，人们在日常生活中很难感受得到。但是对于天体来说，它们的质量很大，所以它们间的引力是相当可观的。

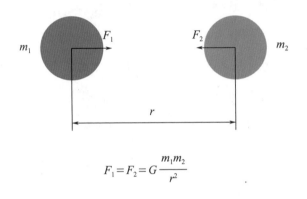

$$F_1 = F_2 = G \frac{m_1 m_2}{r^2}$$

图4.2　万有引力定律

万有引力定律的发现是人类在认识自然规律方面取得的一个重大成果，它揭示了自然界普遍存在的引力相互作用，对以后物理学和天文学乃至当代的航天工程技术的发展都有巨大影响。那么万有引力和潮汐的形成又有什么关系呢？

古语曰："涛之起也，随月盛衰。"对潮汐现象做出科学解释是在牛顿发现了万有引力定律之后。在海边居住的人都知道海水的水位会有规律地变化，时高时低，在白天出现的海水水位变化叫"潮"，晚上的水位变化叫"汐"。

根据万有引力定律，两个物体之间的引力和它们之间距离的平方成反比。

地面上各点与月球的距离不同，所受月球引力的大小也会不同，朝向月球的半个地球上，所受到的引力大于背向月球一面所受到的引力。离月球最近的点所受到的引力最大，在此点的海水相对于地心而言被月球"拉"了起来，朝向月球的半个地球上的海水都会趋向最近点，该点的海水就会上涨，这就是我们常说的涨潮。离月球最远的点受到月球的引力也就最小，相对地心而言，该点的海水有后退的倾向，所以人们称之为退潮。每年农历八月十六日至十八日，太阳、月球、地球几乎在一条直线上，所以这期间海水受到的"引潮力"最大。而钱塘江口状似喇叭，当大量潮水从江口涌进来时，由于江面迅速缩小，使潮水来不及均匀上升，只好后浪推前浪，层层叠叠。钱塘江大潮的形成，天时地利缺一不可。

4.1.2 理尽其用——嫦娥奔月

嫦娥奔月是我国古代流传下来的神话故事，讲述了嫦娥吃下西王母赐给丈夫后羿的一粒药丸后，飞到了月宫的事情。"嫦娥奔月"的神话源自古人对星辰的崇拜，据现存文字记载最早出现于《淮南子》等古书。嫦娥奔月本是神话故事，但随着科技的发展，"嫦娥奔月"已被实现。

自 2007 年起，我国陆续发射嫦娥一号、嫦娥二号、嫦娥三号、嫦娥四号卫星，它们都承担着不同的科研任务，为我们一点点揭开月球神秘的面纱。2018 年发射的嫦娥四号探测器是世界首个在月球背面软着陆巡视探测的航天器。嫦娥四号从发射到在月球着陆主要经历了发射奔月、近月制动、环月降轨控制、着陆这几个过程。在嫦娥四号的奔月过程中，万有引力始终起着极其重要的作用。

4.1.3 躬行实践——用弹簧测力计测一测一个鸡蛋所受的重力是多少

我们平时说的重力，本质上是万有引力的一个分力。生活中我们可以用弹簧测力计来测得物体所受重力的大小。将物体悬挂在竖直放置的弹簧测力计下，就可以测得这个物体的重力了。试着来测一测一个鸡蛋所受的重力吧。

⚠ 【提示】鸡蛋的重力大约为 0.5 牛。

你 知 道 吗 ？

问：我们平时说的重力和万有引力有什么关系？

答：要讨论万有引力和重力的关系，就不得不说到地球的运动了。我们都知道地球在自转，因此地球上的物体实际在做圆周运动。万有引力就被分为了两个部分，一部分提供物体做圆周运动需要的向心力，另一部分就是我们经常说的重力了。所以说，重力其实是万有引力的一个分力。

4.2 揭秘古代的"宥坐之器"

　　传说有一天孔子到鲁桓公的庙里参观，看见一只倾斜的器皿，便向守庙的人询问："这是什么器皿？"守庙的人回答说："这是君王放在座位右边警戒自己的器皿。"孔子说："我听说君王座位右边的器皿空着便会倾斜，倒入一半水便会端正，而灌满了水就会倾覆。"孔子回头对弟子们说："向里面倒水吧。"弟子们舀水倒入其中。大家看到，水倒入一半，器皿就端正了；灌满了水，器皿就翻倒了；空着的时候，器皿就倾斜了。这个器皿就是宥坐之器（图4.3）。

　　其实，生产中有一种灌溉用的汲水陶罐。陶罐系绳的罐耳，位于罐腹靠下的部位，空时其重心位于罐耳以上，用绳悬挂时，罐身倾斜，便于打水；到了半满时，由于重心下降到罐耳以下，罐身自动扶正；当水灌满时，由于重心上升到罐耳以上，很易倾覆。这种汲水陶罐与宥坐之器原理相同，其背后又隐藏着什么原理呢？

图4.3　宥坐之器

4.2.1 重心与宥坐之器

生活中，我们随处都可以发现水总是由高处向低处流、抛出的石块最终会落向地面等自然现象。这些现象的产生，是因为地球对它附近的物体有吸引作用。由于地球的吸引而使物体受到的力叫做重力，通常用字母 G 表示。地球附近的所有物体都受到重力的作用。

用细线把物体悬挂起来，线的方向与物体所受重力的方向一致，这个方向就是我们常说的"竖直向下"的方向。也就是说，重力的方向是竖直向下。建筑工人在砌墙时常常利用铅垂线来确定竖直的方向，以此来检查所砌的墙壁是否竖直。

地球吸引物体的每一部分。但是，对于整个物体，重力就好像它作用在某一个点上，这个点叫做物体的重心。质量分布均匀、形状规则的物体，重心在它的几何中心上。例如，如果质量分布均匀，方形薄板的重心在两条对角线的交点，球的重心在球心，而粗细均匀的直棒的重心在它的中点。

对一般物体求重心的常用方法是：用线悬挂物体，在平衡时，合力的作用点(重心)一定在悬挂线(或其延长线)上，然后把悬挂点换到物体上另一点，再使之平衡，则重心一定也在新的悬挂线(或其延长线)上，前后两线的交点就是重心的位置，如图 4.4 所示。

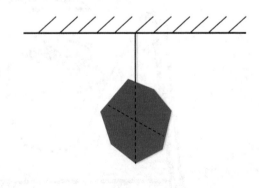

图 4.4 悬挂法寻找重心

宥坐之器的原理就与重心有关。在不断向宥坐之器里加水的过程中，宥坐之器的重心不断升高。重心较低时，宥坐之器较稳定；当重心高于系绳的罐耳时，宥坐之器受到微小的干扰就容易倾斜。因而就出现了"虚则欹，中则正，满则覆"的现象。

4.2.2 理尽其用——比萨斜塔为什么不倒

比萨斜塔（图4.5）位于意大利托斯卡纳省比萨城北面的奇迹广场上。广场的大片草坪上散布着一组宗教建筑，它们是大教堂、洗礼堂、钟楼（即比萨斜塔）和墓园。它们的外墙面均为乳白色大理石砌成，各自相对独立但又形成统一罗马式建筑风格。

比萨斜塔是比萨城的标志，它和相邻的大教堂、洗礼堂、墓园一起被联合国教科文组织评选为世界文化遗产。

比萨斜塔在比萨大教堂的后面，原本设计的是一个竖直坐落的建筑，但是在工程开始后不久便由于地基不均匀和土层松软而倾斜，完工后，塔身向东南倾斜。

比萨斜塔为什么不会倒呢？那是因为整个斜塔的重心落在斜塔的支撑面范围内，也就是说通过地对塔的支撑面，所以至今还是巍然屹立不倒。

图4.5 比萨斜塔

4.2.3 躬行实践——试做不倒翁

【准备】橡皮泥、乒乓球、剪刀、彩纸、笔、胶棒、圆规

【步骤】

① 将乒乓球剪一个小孔，边缘部分尽量弄整齐。

② 在彩纸上面用圆规画一个半径大约 3 厘米的圆形，用剪刀剪下这个画好的圆形。

③ 在圆形上面剪出一个 120° 的扇形，也就是这个圆形面积的三分之一。

④ 在扇形的边缘部分，用胶棒涂上胶。注意要均匀地涂抹，不要涂得太少，不然会粘不住。

⑤ 把剩余圆形的两个边缘粘到一起，可以得到一个帽子形状的圆锥体，可以当作不倒翁的小帽子。

⑥ 取适当的橡皮泥，放入乒乓球中。注意橡皮泥不要塞得太多，否则不倒翁就会立不住了。

⑦ 在乒乓球打眼的边缘均匀地涂上胶。

⑧ 把做好的帽子粘到乒乓球壳上面，这样一个不倒翁就完成了。

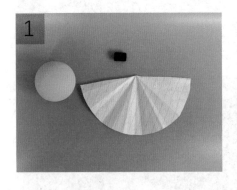
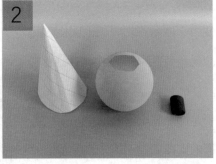

中国传统文化的物理之光

⚠️ 【安全提示】使用剪刀时注意安全。

你 知 道 吗 ？

问：不倒翁为什么不倒？

答：因为上轻下重的物体比较稳定，也就是说重心越低越稳定。当不倒翁在竖立方向处于平衡时，重心和接触点的距离最小，即重心最低。偏离平衡位置后，重心总是升高的，处于不稳定状态，于是就会有回复平衡的趋势。所以，不倒翁无论如何摇摆，总是不倒的。

4.3　一张一弛，弓箭知几许

　　由于弓箭射程远、命中率高、携带方便的优点，人们在古代就已经把它作为狩猎工具。相传后羿就是用弓箭将天上多余的太阳射了下来，拯救了天下百姓。《山海经》《尚书·尧典》《十洲记》《淮南子》《天问》等著作中都有关于该神话故事的描写。相传在远古时候，帝俊与羲和生了10个孩子都是太阳，他们轮流跑出来给予万物光和热。但有时，他们不守规矩，一起跑出来，就给人类带来了巨大的灾难。炽热的太阳烤焦了草木，烘干了湖泊，晒干了庄稼。看到百姓遭受如此灾难，后羿决定拯救人类，于是张弓搭箭，向其中九个太阳射去，只留下一个太阳，悬挂天空，照耀万物（图4.6）。

中国传统文化的物理之光

图4.6　神话传说——后羿射日

4.3.1 从弓箭的使用说弹力

虽然后羿射日的故事只是神话传说，但在我国古代却有"百步穿杨"的典故，在百步以外使用弓箭就能射穿柳叶。这确实证明了弓箭射程远、命中率高的优点。为什么在弓上的箭能"飞"这么远呢？

其实，当手拉弓的时候，弓体会弯曲，形状发生了改变。当手松开之后，弓体由于要恢复原来的形状，就会跟与它接触的箭产生力的作用，将箭弹射出去，于是箭就"飞"起来了，我们将这个力称为弹力。

4.3.2 理尽其用——从跳板跳水说弹力的应用

在我们的日常生活中，利用弹力的例子比比皆是。跳水运动员跳水时，发生形变的跳板产生的弹力把运动员弹起来；撑竿跳运动员利用撑竿弯曲产生的弹力，将运动员的身体抛起来，越过横杆；蹦床运动中，蹦床由于形变产生的弹力把运动员抛向空中，运动员在空中向人们展示各种优美的动作……

在跳板跳水运动中，起跳是重要的环节之一。起跳时，运动员站在跳板上，由于自身重力，会对跳板有一个向下的压力，使跳板产生弹性形变。此时运动员需要在跳板上重复跳跃，依靠自身的重力使跳板产生更大的形变量，从而达到理想的弹射高度，便于运动员在落水之前完成相应的动作，而所有的动作都只能在几秒之内完成。所以，运动员需要充分利用跳板的弹力。

4.3.3 躬行实践——制作气球"小飞镖"，感受弹力

【准备】气球、塑料管、乒乓球、剪刀

【步骤】

① 用剪刀将乒乓球剪出两个对称的圆孔。

② 用气球口套住乒乓球的一半。

③ 将塑料管沿着圆孔戳进乒乓球并穿过第二个圆孔，接触气球后，向后轻轻拉动塑料管及气球，就能感受到弹力了。释放塑料管，塑料管就能"飞"出去。

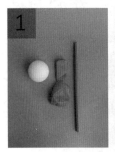

 【安全提示】使用剪刀时需注意安全，请勿对准人、物演示。

你知道吗？

问：弹簧测力计为什么能测出力的大小？

答：弹簧测力计主要由弹簧、挂钩、刻度盘构成。弹簧测力计的原理为胡克定律，它指出在弹性限度内，物体的形变量跟引起形变的外力的大小成正比。也就意味着在弹性限度内，弹簧的伸长量与所受的拉力的大小成正比，弹簧受到的拉力越大，弹簧的伸长量越长。于是，当我们拉动弹簧时，就能根据弹簧测力计的刻度盘的读数得出力的大小。

4.4 白毛浮绿水，红掌拨清波

"白毛浮绿水，红掌拨清波"出自唐代诗人骆宾王所作的五言绝句《咏鹅》。"浮""拨"两个动词生动地表现了鹅游水嬉戏的姿态。鹅白毛红掌，浮在清水绿波之上，两者互相映衬，画面十分美好(图4.7)。这首诗不仅描写了一幅白鹅嬉水图，还蕴含了关于浮力的物理知识。

古代中国人是否已经认识到浮力了呢？《三国志》中就有这样一个故事——曹冲称象。相传曹冲从小机智过人，深受其父曹操的喜爱。有一次，吴国孙权送给曹操一头巨象。大象运到许昌那天，曹操十分高兴，想知道这头巨象的重量，于是询问属下这头巨象到底有多重。大臣们想了许多办法，但一个个都行不通。曹冲提出了"以舟称象"的方法，把象赶到船上，并在船身与水面接触处做上记号，然后将大象牵上岸，再把石头陆续装入船中，直到船的吃水深度达到刚才刻画的那个记号处为止，然后称出船中所有石头的重量。石头是一块一块的，当时的度量器具可以测得每块石头的重量，所有石头的重量之和即为大象的重量。

图4.7 白毛浮绿水，红掌拨清波

4.4.1 用浮力的原理解释"曹冲称象"

故事中，曹冲提出了"以舟称象"的方法，即通过在船上做记号来获得物体的重量（质量），船上两次分别装载了不同的物体，船的吃水深度却是一样的，目的是保证两次称量时船受到相同的浮力，由此就可以得到所称物体的重量。

根据生活中的观察，我们知道石块会下沉到水底，而羽毛会浮于水面。这是因为浸在液体中的物体，当它所受的浮力大于重力时，物体上浮；当它所受的浮力小于重力时，物体下沉；当它所受的浮力与重力相等时，物体悬浮在液体中或漂浮在液体表面上。

那么，我们又如何去计算物体所受浮力的大小呢？

据记载，公元前245年，阿基米德在解决国王的皇冠是否掺假的问题时，发现了浮力原理，即液体对物体的浮力大小等于物体排开液体所受的重力大小。

从物理学中的浮力原理来看"曹冲称象"的故事，船是漂浮在水面上的，因此，船排开的水所受的重力等于船及船上所有物体所受的重力。曹冲测大象重量与测石头重量时保证了船的吃水深度相同，这说明船排开的水的体积相等，因而其排开的水所受的重力也相等。既然船漂浮在水面，排开的水的重量就等于船和船上所有物体的总重量了，从而可以根据石头的重量来获知大象的重量。

4.4.2 理尽其用——浮力的应用：潜水艇

为了探索海洋中的奥秘，科学家一直在不断研究，希望设计制造出一种能潜入深海的潜水工具。

第一次世界大战时，由于军事上的需要，人们制造出了潜水艇，方便舰艇在水下隐蔽航行。人们在设计原始的潜水艇时，先将石块或铅块装在潜水艇里面，使潜水艇下沉，如果需要升至水面，就将携带的石块或铅块扔掉，使艇身上升至水面。后来经过技术改进，在潜水艇中安装了浮箱，使用浮箱充水和排水的方法来改变潜艇的质量。当浮箱灌满海水时，艇身质量增加，潜水艇可以潜入水中；当需要上升时，再把浮箱中的海水排出，如此潜水艇就实现了自由沉浮。我国蛟龙号载人潜水器已达到世界领先水平，如图4.8所示。

图4.8 我国蛟龙号载人潜水器

4.4.3 躬行实践——自制"浮沉子"

【准备】塑料吸管、夹子、矿泉水瓶、水、剪刀

【步骤】

① 将吸管剪成大约5厘米的长度。

② 将吸管对折，然后用夹子把吸管口夹住，放入装有水的瓶子中，用力挤压塑料瓶，塑料吸管就会下沉；松开手时，塑料吸管又会上升。沉浮自如的"浮沉子"就制作完成了。

⚠ 【安全提示】使用剪刀时注意安全。

你知道吗？

问：民间有放孔明灯的习俗，被点亮的孔明灯为什么会上升呢？

答：放飞后的孔明灯受到重力和浮力两个力作用。燃料燃烧，灯内空气温度升高，根据热胀冷缩原理，灯内的气体体积变大，密度减小，并有部分气体从灯内流出，导致孔明灯整体重力减小。当重力小于浮力时，孔明灯就会上升。

中国传统文化的物理之光

4.5　磨刀不误砍柴工

　　"磨刀不误砍柴工"是一个成语,意思是磨刀花费时间,但不耽误砍柴。相传有这样一个民间故事(图4.9):有一位农民的儿子上山砍柴,大儿子为了给弟弟做榜样,一大早就上山了。而弟弟却先去邻居家借磨刀石,磨了一上午的刀。没想到最后小儿子砍了满满两担柴,而大儿子只砍了一小担柴。这个故事告诉我们,要办成一件事,不一定要立即着手,而是先要进行一些筹划,做好充分准备,创造有利条件,这样会大大提高办事效率。

图 4.9　民间故事——磨刀不误砍柴工

4.5.1 从"磨刀不误砍柴工"说压强原理

图 4.10　天安门前的华表

"磨刀不误砍柴工"的故事中，磨刀为何提高了砍柴的效率？这可以用物理学的知识来解释。在物理学中，把垂直作用在物体表面上的力叫做压力。当物体表面所受的压力相同时，受力面积越小，压强越大。磨刀使得刀刃变薄，减小了刀刃与柴的接触面积，从而增大压强，提高了砍柴效率。

其实，在我们日常生活中经常需要根据实际情况来增大或减小压强。比如，天安门前的华表（图 4.10）具有面积较大的基座，这是因为在压力一定时，通过增大受力面积，可减小其对地面的压强，从而使其屹立不倒。又如，我们在钉图钉的时候，会发现图钉尖端做得非常尖细，这是因为在压力一定时，通过减少受力面积，来增加压强，使图钉更容易钉进墙里面。

液体内部也同样存在压强。在几百年前，帕斯卡注意到一些生活现象，比如没有灌水的水龙带是扁的，而当水龙带灌进水，就会变成圆柱形。如果在水龙带上扎几个小洞，就会有水从小洞里喷出来，而且水喷射的方向是四面八方的。这究竟是为什么呢？为了探寻其中的原理，帕斯卡设计了"帕斯卡球"实验。帕斯卡球的实验证明，液体能够把它所受到的压强向各个方向传递。

大气压强也同样存在。地球周围包着一层厚厚的空气，主要是由氮气、氧气、二氧化碳、水蒸气等混合组成的，通常把这层空气称为大气层。它分布在地球的周围，所有浸在大气里的物体都要受到大气作用于它的压强，就像浸在水中的物体都要受到水的压强一样。

4.5.2 理尽其用——从飞机的飞行说压强的应用

2018年7月12日，C919大型客机（图4.11）从上海浦东机场起飞，历经1小时46分的飞行，平稳降落在山东东营胜利机场，顺利完成首次空中远距离转场飞行。中国人终于实现了大飞机梦！C是China的首字母，也是中国商飞英文缩写COMAC的首字母；第一个"9"的寓意是天长地久；"19"代表的是中国客机最大载客量为190座。

飞机这样的庞然大物如何能在空中保持飞行呢？

空气的流动在日常生活中是不易观察的，低速气流与水流有较大的相似性。根据日常生活经验，水流在河面较宽的地方流速慢，在河面较窄的地方流速快。这与飞机在空中飞行时类似，主流观点认为机翼一般是上表面比较凸，而下表面比较平，流过机翼上表面的气流就类似于较窄地方的流水，流动速度较快，而流过机翼下表面的气流则类似于较宽地方的流水，流动速度较慢。根据物理学有关原理，流动速度慢的大气压强较大，而流动速度快的大气压强较小，这样机翼下表面的压强就比上表面的压强高，也就是机翼下表面受到的压力（方向向上）比机翼上表面受到的压力（方向向下）大，于是二者的压力差使飞机获得部分升力。当然若要飞机飞上蓝天，则需飞机其他部件的共同作用。

图4.11 国产大型客机C919模型

4.5.3 躬行实践——验证大气压强的存在

【准备】蜡烛、玻璃杯、墨水、盛水玻璃盘、适量水、点火器

【步骤】

① 在玻璃盘里盛部分清水，在水中滴入适量墨水。将玻璃杯倒扣水中，可以发现，玻璃杯里外的水深度一致。

② 将蜡烛点燃放在盘中，并将玻璃杯倒扣水中，蜡烛由于缺氧而最终熄灭，可以观察到玻璃杯中的水面上升。

你 知 道 吗 ？

问：拔火罐时，罐口为什么能"吸"住人体的皮肤？

答：当火罐压在皮肤上时，可燃物把火罐中的氧气消耗了，火罐内部空气压强变小，为了保持气压平衡，大气压就使火罐和皮肤紧紧压在一起，所以会看到罐口紧紧"吸"住人体皮肤的现象。

第5章 巧夺天工

5.1 铢秤与缕雪，谁觉老陈陈

　　早秋雨后，炎热将去，清风已来，令人顿觉畅快。唐朝诗人杜牧，在这样的天气下有感而发，写下《早秋》一诗：

　　　　疏雨洗空旷，秋标惊意新。

　　　　大热去酷吏，清风来故人。

　　　　樽酒酌未酌，晓花髻不髻。

　　　　铢秤与缕雪，谁觉老陈陈？

　　诗句中的"铢秤"，是以铢为最小计量单位的秤（图5.1），二十四铢为一两，可以认为是当时最精确的称重工具。"铢秤与缕雪，谁觉老陈陈？"这句诗引申义为：谁说公平正义和高雅洁净是陈年旧事了呢？这实质上暗喻诗人对政治清明的期盼。

　　可以看出，秤除了称重与度量的使用价值，有时候还被赋予公平

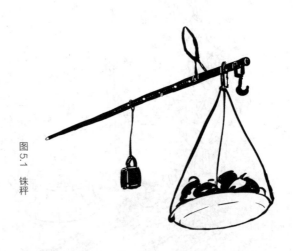

图5.1 铢秤

正义的人文形象。在电子秤普及前，中国最常用的称量物体的器具是杆秤，而秤砣作为用来平衡杆秤的金属锤，其本身的质量是特定的，用确定质量的物体称量未知物体的质量，用到的原理就是杠杆原理。

5.1.1 《墨经》中的杠杆

杠杆又分等臂杠杆、费力杠杆和省力杠杆（图5.2），杠杆原理也称为"杠杆平衡条件"。要使杠杆平衡，作用在杠杆上的两个力矩大小必须相等。力矩就是力与其对应力臂的乘积，即：动力 × 动力臂 = 阻力 × 阻力臂。从上式可看出，要使杠杆达到平衡，动力臂是阻力臂的几倍，阻力就是动力的几倍。

《墨经》将秤的支点到放需要称量的重物的一端的距离称为"本"（今称为动力臂），重物被称为"重"（今称为动力），将支点到另一端的距离称为"标"（今称为阻力臂），这端挂的重物或秤砣称为"权"（今称为阻力），如图5.3所示。

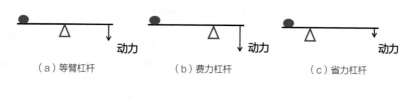

（a）等臂杠杆　　　　（b）费力杠杆　　　　（c）省力杠杆

图5.2 三种杠杆

书中写道：

① 当重物与权相等而衡器平衡时，如果加重物在衡器的一端，重物端必定下垂；

② 如果因为加上重物而衡器平衡，那是本短标长的缘故；

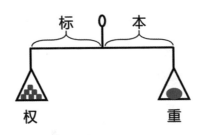

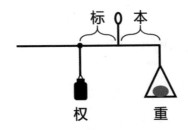

图 5.3　《墨经》中讨论杠杆原理

③ 如果在本短标长的衡器两端加上质量相等的物体，那么标端必下垂。

用衡器称量物体的重量时，衡杆一定要水平，关键在于调整得当。加重在衡杆的一旁，必定会使它下坠。如果重物和权的重量不一样而又能够平衡，必定是秤头短、秤尾长。在秤头短、秤尾长这样的情况下，往秤杆两边加上相同的重量，那么秤尾必定下坠，这是因为秤尾占了优势的缘故。

墨子及其弟子在《墨经》一书中讨论了杠杆平衡的多种情形。他们既考虑了"本"与"标"相等的平衡，也考虑了"本"与"标"不相等的平衡；既注意到杠杆两端的力，也注意到力与作用点之间的距离大小。虽然他们没有留下定量的数字关系，但足以将杠杆的平衡条件叙述得十分全面了。这些文字记述是墨家学者亲身实验的结果，它比古希腊物理学家阿基米德发现杠杆原理要早约 200 年。

秤砣虽小，压千斤。所以说只要标够长，即使秤砣（权）的质量比较小，也可以拉起千斤的重物。这就类似阿基米德所说："给我一个支点，我就能撬起整个地球。"（图 5.4）

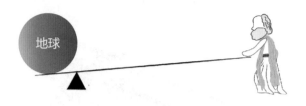

图 5.4　给我一个支点，我就能撬起整个地球

理尽其用——从桔槔、筷子到金融杠杆

桔槔也是杠杆的一种，它是古代的取水工具，在《天工开物》中有所记载。作为取水工具，一般用它改变力的方向。作其他目的使用时，也可以改变力的大小，只要将桔槔的长臂端当作人的施力端即可。春秋战国时期，桔槔已成为农田灌溉的普通工具，如图 5.5 所示。

图 5.5　《天工开物》中桔槔示意图

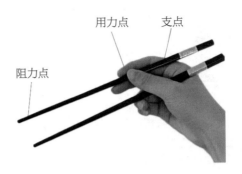

用力点　支点

阻力点

图 5.6　筷子杠杆示意图

除了这种现在很少见的工具，还有一个现在使用依然频繁的物品，一种巧妙利用杠杆原理的器具——筷子。这种我们每天要打交道的器具，通常由竹、木、骨、瓷、象牙、金属、塑料等材料制作。

正确拿筷子的手势和使用方法并不唯一，但是都大同小异。通常，用大拇指、食指和中指控制一根筷子的运动，另一根筷子维持不动；然后将两根筷子对齐，通过调节两根筷子的运动，就能夹起物品了。如图 5.6 所示。

现代社会中，杠杆还成了一个经济学名词。例如，金融杠杆、财务杠杆效益、期货杠杆效益等。其中金融杠杆就是一个金融工具，使用这个工具，可以以固定的比例放大投资的结果。

5.1.3　躬行实践——自制简易杆秤

用筷子、绳子、橡皮（或其他重物）等常见的材料制作一个简易杆秤，感受杠杆平衡时力与力臂的关系。

【准备】纸杯、棉绳、筷子（或小木棍）、橡皮（或其他配重物）

【步骤】

① 用剪刀在纸杯杯壁上侧对称打两个小孔，并用棉线穿过作为秤盘，系

在作为秤杆的筷子粗的一端，并固定。

② 在秤杆上系上用棉线做的提纽，确定支点。用棉线拴住一个橡皮作为秤砣，挂在秤杆另一端靠近提纽的某位置，调整提纽秤砣的位置，使秤杆保持平衡。

③ 在纸杯做的秤盘上放置不同质量的小物品，如橡皮擦、一块钱硬币等，移动秤砣在秤杆的位置，使杆秤平衡，感受杠杆平衡时力与力臂的关系。

⚠ 【安全提示】使用剪刀时要注意安全。

你知道吗？

问：杆秤称量不同质量的物体时，物体质量越大，杆秤平衡时秤砣离提纽越近还是越远呢？

答：在杆秤上，秤砣离提纽距离越长，能提起的物体的质量越大。对于杆秤而言，秤盘离提纽的距离以及秤砣的质量是不变的，也就是说杆秤水平位置平衡时，秤盘力臂和秤砣重力是不变的。当秤盘上的物体质量变大，那么杆秤平衡时秤砣的力臂就应该变长，也就是使秤砣远离提纽。

5.2 小滑轮，大作用

　　山东武梁祠有一汉代画像砖，描绘了人们从水中打捞铁鼎的画面：河岸两边各有三人前后拉着绳子，脚蹬河岸斜坡，弯腰用力，绳子一端通过滑轮连接在铁鼎上。它描述的是秦始皇"泗水取鼎"（《史记·秦始皇本纪》）的故事。传说，大禹造了九个巨鼎，以便人们识别善恶。九鼎从夏传到商、周，成了最高统治者权力的象征。周赧王十九年（公元前296年），秦昭王从周王室取走了九鼎，不幸途中一鼎竟然飞入泗水河。后来，秦始皇去东海觅神仙，路过此地，便命令千人入泗水河打捞宝鼎。可是，宝鼎刚拉出水面，一条龙冲出，咬断绳索，宝鼎又沉落河底。图5.7重现了画像砖上用滑轮捞鼎的部分，表明了秦始皇时期人们就开始使用滑轮了。

图5.7　泗水取鼎

中国传统文化的物理之光

90

从滑轮的分类说起

现在常见的滑轮主要分为动滑轮、定滑轮以及动定滑轮的组合——滑轮组。所谓定滑轮，就是在使用时滑轮轴的位置固定不动的滑轮，如图5.8（a）所示，绳子绕过滑轮，一端连接需要移动的物体，另一端施加拉力。前面我们提到的用来泗水取鼎的滑轮就是定滑轮。要将鼎从水中捞起来需要给鼎或者连接鼎的绳子施加向上的拉力，通过定滑轮，人们就可以通过施加斜向下的拉力将鼎从水中打捞上来。所谓动滑轮，就是滑轮的轴会随着被拉物体一起运动的滑轮，如图5.8（b）所示。滑轮组则是动滑轮和定滑轮的组合，使用不同数量的滑轮组合和绕线方式，可以达到省更多力的同时改变力的方向的目的，如图5.8（c）所示。

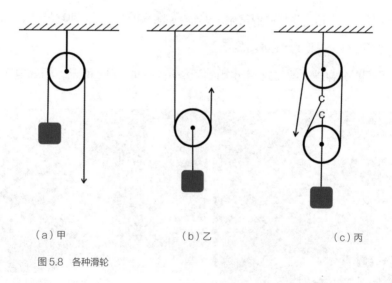

（a）甲   （b）乙   （c）丙

图5.8 各种滑轮

《墨经》一书也讨论了定滑轮相关内容，将向上提举重物的力称为"挈"，将把绳子向下拉称为"收"，将整个滑轮机械称为"绳制"。《墨经·经下》写道，以"绳制"举重，"挈"的力与"收"的力方向相反，在"绳制"一边，如果物体较重，那物体就会下降；与此同时，在"绳制"的另一边，较轻的物体就被提举向上。如果绳子垂直，绳两端的重物相等，"绳制"就平衡不动（图5.9）。对于墨家丰富的力学知识，我们不能不钦佩！

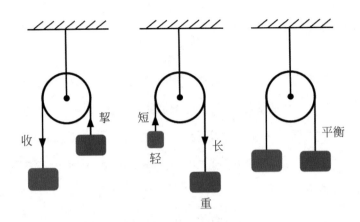

图 5.9 《墨经》中关于滑轮的讨论

5.2.2 理尽其用——电梯中滑轮的应用

　　滑轮在我们日常生活中很常见，从旗杆（图5.10），到工地起重机（图5.11）等，都用到了不同的滑轮或滑轮组。

　　我们经常乘坐的厢式电梯也用到了滑轮，如图 5.12 所示。厢式电梯主要

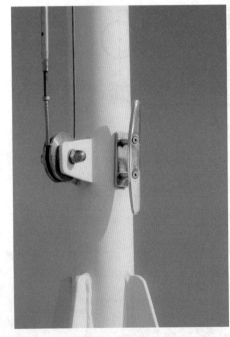

图 5.10　旗杆上的滑轮

图 5.11　起重机上的滑轮

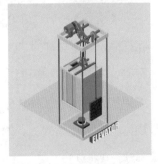

图 5.12　厢式电梯的升降装置

由电梯轿厢、对重装置、曳引机等组成。电梯轿厢是电梯用以承载和运送人员和物资的厢形空间。对重装置通过曳引机的曳引轮与轿厢连接。在电梯运行过程中，曳引轮实际上就相当于连接轿厢和对重装置的定滑轮，这样的设计可以使电梯在升降过程中更平稳。

5.2.3 躬行实践——梦回古代泗水取鼎

想一想：如果你回到秦代，秦始皇命你为泗水取鼎的主要负责人，你会怎样使用滑轮策划打捞工作，从而达到既省力又方便打捞的目的？画出你的滑轮设计图和人员安排示意图。

> ⚠ 【提示】泗水取鼎只用到了定滑轮，改变力的方向，人们向下拉绳子，通过定滑轮使鼎向上运动。还可以添加动滑轮，通过滑轮组既可以省力又可以改变力的方向，使打捞工作更好进行。

你知道吗？

问：你知道动滑轮和定滑轮的本质是什么吗？

答：定滑轮相当于一个等臂杠杆，虽然不能改变力的大小，但是可以改变力的方向。动滑轮相当于一个动力臂是阻力臂两倍的省力杠杆，所以使用动滑轮拉动物体，忽略动滑轮重力和绳子摩擦力等其他因素的情况下，可以省一半的力，但是不能改变力的方向。

5.3 会挽雕弓如满月，西北望，射天狼

宋代大文豪苏轼在密州担任知州时写下《江城子·密州出猎》一词，表达了苏轼强国抗敌的政治主张，抒写了渴望报效朝廷的壮志豪言，全词如下：

老夫聊发少年狂，左牵黄，右擎苍。锦帽貂裘，千骑卷平冈。为报倾城随太守，亲射虎，看孙郎。

酒酣胸胆尚开张，鬓微霜，又何妨！持节云中，何日遣冯唐？会挽雕弓如满月，西北望，射天狼。

词的最后一句："会挽雕弓如满月（图5.13），西北望，射天狼。""天狼"，喻指辽和西夏。作者以形象的描画表达了自己渴望一展抱负、杀敌报国、建功立业的雄心壮志。这一句不仅借出猎表达了自己强国抗敌的政治主张，抒写了渴望报效朝廷的壮志豪情，同时还说明了弓是一种可以实现能量转化的工具，可以将弹性势能转化为动能。"如满月"的弓，意味着弓具有很大的弹性势能；能"射天狼"，说明射出去的箭具有很大的动能，射程远，威力大。中国古代虽然没有专门讨论能量的转化，但是在多种古籍以及一些工具发明与应用中都体现了能量转化的思想。

图5.13 会挽雕弓如满月

机械能守恒

在自然界和生活中，能量以多种形式展现，动能、重力势能和弹性势能统称为机械能。物体由于运动而具有的能叫做动能。一般来说，物体质量越大，运动速度越大，物体所具有的动能越大。物体由于被举高而具有的能量叫做重力势能，其大小由物体重力以及地球和该物体的相对位置决定，一般来说物体越重，所处位置越高，其重力势能就越大。弹性势能是指物体由于发生弹性形变而具有的势能，同一弹性物体在一定范围内形变越大，具有的弹性势能就越大，反之，则越小。

上述词句中，人拉弦，弦带动弓弯曲，弓和弦都产生了弹性形变，于是弓和弦自身存储了一定量的弹性势能，当松开弦时，弓由于要恢复原状，带动弦向前收缩，使箭发射出去，于是箭有了速度，获得了动能，此过程便实现了能量由弹性势能到动能的转化。能量的转化是守恒的，若忽略摩擦阻力做功等因素的影响，有多少弹性势能就会转化为多少动能，产生多大的威力。因此，弓的形变越大，弹性势能越多，则转化成箭的动能也越多，威力越大，效果越好。

唐代诗人杜甫在《登高》中写道："无边落木萧萧下，不尽长江滚滚来 。"这两句诗蕴含了能量转化的思想。无论是"落木"（落叶）还是"滚滚长江"，都受到了重力，而且又处于一定的相对高度，因而具有了较大的重力势能。"落木"的"下"，"长江"的"来"都是重力势能转化为动能的过程。

类似的诗词还有李白的《望庐山瀑布》：飞流直下三千尺，疑是银河落九天（图 5.14 ）。在重力作用下，水往下流，

图5.14 庐山瀑布

水的重力势能转化为磅礴的动能。又如王之涣的《凉州词》："黄河远上白云间，一片孤城万仞山。""白云间"形容黄河源头之高，拥有极大的重力势能。

势能是与相对位置有关的能量，成语"蓄势待发"中的"势"可理解为势能，势能需要"蓄"，将物体放在相对高处就有了重力势能，使弹性物体在弹性限度内发生弹性形变就有了弹性势能。有了"势"，才能"发"，这里的"发"可以理解为势能和动能的转化。

将物体放在相对高处或者使物体发生弹性形变，就要对物体做功。射箭过程中，拉开弓箭，就是人对弓弦做功，让弓弦具有一定的弹性势能。然后弓弦在恢复原长的过程中弹性势能减小，箭矢的动能增大，这就是弓弦对箭矢做功，将自己的弹性势能转化为箭矢的动能。在这个过程中，若不计能量损耗，弓弦最大的弹性势能和箭矢最大的动能是相等的，整个过程中弓和箭的机械能之和是一定的，只是能量的形式在发生改变，弓弦的弹性势能转化为箭矢的动能。实验研究发现：在只有重力或弹力做功的物体系统内（或者不受其他外力的作用下），物体的动能和势能（包括重力势能和弹性势能）发生相互转化，但机械能的总量保持不变。这个规律叫做机械能守恒定律。

5.3.2 理尽其用——人类对能量转化的利用

事实上，古人早已意识到重力势能的大小与物体的质量和所处相对位置有关。根据这种认识，古人发明了许多实用技术。例如在农业生产中，古人发明了水碓，将水的势能转化为动能。水从高处流下冲击水轮使它转动，轴上的拨板臼拨动碓杆的梢，使碓头一起一落地舂米。

除了动能和势能的相互转化，还有电能、化学能等能量之间的相互转化。现代生活中，最常见的就是电能与其他形式的能之间的相互转化。打开电灯，就是将电能转化为光能和内能。打开风扇，就是将电能转化为动能和其他形式的能。我们的手机，主要是将电能转化为光能和声能等。而常见的干电池以及手机用的锂电池，是将化学能转化为电能。我们日常的用电主要是发电厂（或称发电站）用其他形式的能转化过来的，如水力发电厂、火力发电厂、垃圾发电厂、核能发电厂、太阳能发电厂、风能发电厂、地热发电厂等，都是将不同的能量转化为电能。三峡水电站如图5.15所示，内蒙古风电场如图5.16所示。

除了这些常见的能量，还有一种我们日常生活几乎不会接触到的能量，那就是核能。核能（或称原子能）是通过核反应从原子核释放的能量。这些巨大的能量可以用在核能发电上。自1954年苏联建成了世界上第一座商用核电站——奥布宁斯克核电站，人类开始将核能运用于能源领域。中国也于2013年4月25日开始进行核电站华龙一号的研发工作，这是中国自主研发的第一座核电站。

图5.15　三峡水电站

图5.16　内蒙古风电场

5.3.3 躬行实践——勇敢者的游戏

把一个重物（如橡皮擦）用绳子悬挂起来，将重物拉到自己鼻子附近，稳定后松手，重物向前摆去，你敢站在原地不动等重物摆回来吗？重物摆回来时会打到你鼻子吗？试一试，想想为什么会这样。

> ⚠ 【提示】重物不会打到你，因为重物在摆动到最低点的过程中先将重力势能转化为动能，再将动能转化为重力势能，整个过程重物的机械能不会增加，甚至还会由于空气阻力的存在而减小，所以重物最终摆到最高点的高度不会超过一开始重物的位置，也就不会打到你的鼻子啦。

你知道吗？

问：平时生活中，将乒乓球拿到一定高度，松手后乒乓球下落然后弹起，乒乓球弹起后会到达它下落前的高度吗？如果不能，那怎样才能使乒乓球弹起后到达甚至超过它下落前的高度呢？

答：乒乓球下落过程中主要由重力势能转化为动能，弹起后主要是动能转化为重力势能，但是在下落和弹起的过程中，乒乓球还会受到空气阻力，碰撞地面还会有一定的能量损失，整个过程中乒乓球的能量并不守恒，所以乒乓球弹起后不能到达它下落前的高度。如果在松手时给乒乓球施加一个向下的力，也就是说用力向地面抛乒乓球，力足够大的话，就可以使乒乓球弹起后到达甚至超过它下落前的高度。

第6章 冷暖如何自知

6.1 近水则寒，近火则温

"夫近水则寒，近火则温，远之渐微。何则？气之所加，远近有差也。"这句话出自我国唯物主义哲学家王充的《论衡·寒温篇》，讲述的是一个家喻户晓的常识：靠近水就比较冷，靠近火则比较温暖（图6.1），如果距离变远了，则感受没那么明显。为什么会这样呢？王充指出：热量的传导是靠"气"来完成的，并且和距离有关系。这在古代可以说是一个了不起的见解。实际上，这句话中涉及许多的物理知识。

图 6.1 近水则寒，近火则温

中国传统文化的物理之光

从温度到热传递——揭秘古瓦瓶

在物理学及生产生活中，我们用温度来表示物体的冷热程度。在宏观上，越热的物体温度越高，越冷的物体温度越低。在微观上，温度可以体现物体分子热运动的剧烈程度，温度越高，分子运动越剧烈。

我们身边的物体都有温度，并且温度可能不一样。当两个物体温度不一样时，即有温度差。与"水往低处流"类似，热量也总是自发地从温度高的地方转移到温度低的地方。那么，为什么人靠近冷水时会觉得寒冷，靠近火时会觉得温暖呢？

这就涉及物理学中的另一个物理现象——热传递。热量从温度高的物体传到温度低的物体，或者从温度高的部分传到温度低的部分，这种现象称为热传递。热传递是由温度差引起的，其形式主要有三种：对流、传导和辐射。传导是从物体温度高的部分沿着物体传到温度低的部分；对流是靠流体的流动来传热的；辐射是直接由物体向外散发。

人的体温在37℃左右，靠近冷水时，人的体温比周围的温度高，这时热量从我们的身体跑到了周围的空气里，我们就会觉得寒冷。同理，由于火的温度比人体温度高，热量就从火传递到人体里，人就会感到温暖。

用火烧水的过程中，热传递的三种形式并存。如图6.2所示，底部的火跟烧水壶之间热量传递的形式是热辐射，将火焰燃烧产生的热量传到烧水壶上；底部的水被烧热就往上冒，上面的水温度较低就往下沉，上下两部分水之间的热量传递的形式是对流；烧水过程中，壶身底部的温度最先上升，而后通过传导使整个壶身温度升高。

图6.2 烧水示意图

关于热传递的应用，宋朝志怪小说集《夷坚志》记载过这样一个故事：文定公张齐贤的孙子张虞卿有一个文物——古瓦瓶，他非常喜爱它，就把它用来养花。在一个天气极冷的冬天晚上，他忘记把瓶中的水倒出来，一夜都在担心瓶子会不会被冻坏。第二天他发现其他装水的瓶子都冻坏了，但这个古瓦瓶竟安然无恙！后来他试着把热水倒进这个瓶子里，发现水能保持一整天不变冷。这里面的奥秘一直萦绕在他的脑海迟迟未解，直到有一天，这个瓶子不小心被仆人打碎了，才揭开谜底。它的内部与一般的陶瓷瓶的不同之处在于多了个两寸厚的夹层，奥秘全在这个夹层里。

这种瓶子保温的效果全靠那个夹层，夹层中的空气层是热的不良导体，可以有效隔离热传递。这是我国古代关于保温瓶的记载，与英国物理学家、化学家杜瓦设计的由双层壁构成的容器有异曲同工之妙。只是与古瓦瓶相比，杜瓦设计的容器双壁间被抽成了高真空，这便是热水瓶的原型。

6.1.2 理尽其用——爱斯基摩人的冰屋

关于热传递的应用，在北极这种冰天雪地的地方也大有妙处。爱斯基摩人在零下几十摄氏度的环境中，他们是怎么生存的呢？

据资料记载，早期为了适应环境，智慧的爱斯基摩人探索出了一种就地取材的建造方法，筑出了令人惊叹的建筑——冰屋。冰屋可存在的时间不长，但也足够让他们度过凛冽的寒冬了。

冰屋的构造大概是怎样的呢？从外表看，它是一个圆拱形的建筑，在入口处挂了一层厚厚的兽皮。冰屋是如何建成的呢？首先是就地取材，将冰块加工成一个个长方体的冰砖，再将冰砖一块一块地垒起，冰砖之间的黏合剂就由水来充当，一层一层地螺旋式累积，最后就建成了神奇的冰屋（图6.3）。

图6.3 冰屋

在零下四五十摄氏度的地方，冰屋里面的温度有零下几摄氏度，这使得人们在北极也可以"温暖如春"地过冬了。它究竟是如何达到保暖效果的呢？

冰屋由冰砖和水砌成，冰冷的环境使得水和冰砖连成一体，密不透风，使人们在屋内免受寒风的侵袭，有效地隔绝了对流，这是其一；其二，冰是热的不良导体，人们在屋内散发出来的热量极少通过冰砖传导至屋外，极大地减少了热量散失；此外，冰屋光亮的内壁，可以将人体辐射出的热量反射回屋内，也达到了保温的目的。这便是冰屋的奥秘所在了。当然，它还有一些其他原理，这里不多介绍，感兴趣的话，可以自行查阅资料进行探索。

和冰屋的原理类似，冬天把小麦等作物埋在雪地里，来年开春仍能继续种植，也是利用了雪地里的空气间隙是热的不良导体这种特性，使得土壤里的热量不易散发，从而达到保暖的目的。在现代都市中，建筑工程师也由冰屋得到许多启发，致力于发现和发明既节能环保又具有良好保温隔热性能的建筑材料，对可持续发展有着重大的意义。

6.1.3 躬行实践——点不着的纸

【准备】一次性纸杯、蜡烛、点火器、一次性筷子、剪刀

【步骤】

① 用剪刀在一次性杯子上面剪两个孔，用一次性筷子横向穿过并使其与杯子穿在一起。

② 用点火器点燃蜡烛，手拿着筷子的一端将纸杯放在火焰上烤一会儿，发现纸杯一下子就冒烟了，纸杯杯底被点燃。

③ 换一个纸杯，同样用一次性筷子穿起来，倒一些水在纸杯里，将装有水的纸杯放在火焰上烤一会儿，观察纸杯是否被点燃。

④ 发现装有水的纸杯在火上烤了好一会儿也没有冒烟，只有杯底被烧黑了。

【安全提示】小孩不可单独实验，请在家长陪同下进行实验，必要时由家长演示；请在实验旁边放一盆水备用，注意用火安全，谨防烧伤或发生火灾。

你知道吗？

问：纸杯放在火上烤一会儿就会被点燃，而装了水的纸杯放在火上烤了一会儿没被点燃，只是杯底被烧黑了，你知道这是为什么吗？

答：当将装了水的纸杯放在火上烤时，杯底能将热量吸收并传递给杯里的水，热量被分散了，纸杯杯底被火烤处的热量在短时间内达不到着火点，因此没被点燃。

6.2 开山造渠，看看古人的智慧

在我国，流传着这样一个神话故事：大禹在治水时，要开凿长江三峡的夔门，但是无论是用"神牛"撞还是用"巨斧"劈，都没有成功。最后大禹想到了用火烧的方法，成功开凿了夔门（图6.4）。这种"积薪烧崖"的方法不仅出现在神话故事里，在历史上也存在着相似的案例：相传秦时的李冰在开凿都江堰和五尺道时，没有火药和现代机器的帮助，通过燃烧大量的柴火烧山使岩石发热，再趁热浇上冷水，石头就爆裂了，这样开凿山石就比较容易了。

上述两个故事，都凝结着古人的智慧。下面就让我们一起来看看这里面蕴含的物理知识。

图 6.4 开山造渠

6.2.1 "煮之胖胀"的现代解释

从宏观角度来看，一般物体在受热时，温度升高，体积膨胀；遇冷时，温度降低，体积收缩：这种现象被称为热胀冷缩。从微观角度来看，物体都是由微粒组成的，而微粒总在不断运动着。当温度上升时，微粒的运动加快，微粒之间的距离增大，体积膨胀；当温度下降时，微粒运动变慢，距离减小，体积收缩。

热胀冷缩是一般物质的特性，常见的物质中，气体的体积随温度变化最明显，它的热胀冷缩现象是最显著的，液体次之，固体最不明显。

科学蜜窖

反膨胀

一般而言，物质受温度影响，体积会发生热胀冷缩，大部分物质发生的都是"热膨胀"现象。但存在个别特例，一部分的物质在某种条件下发生的是"冷胀热缩"，即"反膨胀"现象。例如：一定量的水，在 0～4℃ 之间，体积会随着温度的降低而增大，即呈现出反膨胀，这是由水分子特殊的结构决定的。除此之外，锑、铋、镓和青铜等物质，在某些范围内也会呈现出"反膨胀"的现象。

前文提到的两个故事，都是利用岩石热胀冷缩的性质来开凿山石的。先用火烧岩石，使得岩石受热膨胀，进而用冷水去浇膨胀的岩石，石头受冷温度下降，体积急剧收缩就容易爆裂，这样就不需要再很费劲地用斧头去劈了。古人利用热胀冷缩进行施工，在当时可以说是相当先进了。

理尽其用——权衡热胀冷缩之利弊

热胀冷缩在生产生活中的应用随处可见，大到铁路、公路和桥梁等工程建设，小到平时煮水、煮蛋、开罐头等生活现象，都充分利用了热胀冷缩的原理。例如：煮好的鸡蛋趁热放到冷水里浸一下，鸡蛋壳就容易与鸡蛋分离；如果乒乓球不小心被压瘪了，把它放进热水中烫一下，就会鼓起来；如果玻璃瓶的盖子打不开，把它放进热水中，过一会儿就会较容易打开；等等。合理利用热胀冷缩，给我们生产生活带来了许多便利。

在生产中，车间生产工人在组装零件时通常需要将某个重要的螺钉拧得特别紧。如果只靠外力来拧，就算是拧紧了也容易将组件损坏，所以人们就想出一个办法：将螺帽在火上烤一会儿，然后迅速拧在螺钉上。加热螺帽，使得螺帽的温度升高，口径变大，易于拧到螺钉上，待拧好后温度降低，螺帽温度下降，口径变小，就紧紧地扣在螺钉上了。这样既能拧紧又不易损坏零件，真是一举两得的方法。

热胀冷缩在给我们生产生活带来许多便利的同时，也存在一些危害，如果不做相应的处理，则会带来损失。例如在生活中，用微波炉热牛奶时，应注意将牛奶的盖子打开，否则会因为牛奶温度升高，体积膨胀，而使得瓶子裂开。再比如，在桥梁和铁路、公路的建设中，也需要对桥梁等做处理，防止材料热胀冷缩带来的危害。水泥公路每隔一段就会有一条缝隙，并在中间空隙处填充上其他的材料，就是为了防止水泥材料的热胀冷缩。否则，如果是冬天铺的路，在夏天就容易膨胀开裂，带来的损失是巨大的。铁路就更要注意热胀冷缩了。铁轨一般都是暴露在空气中的，在我国大部分省份，夏天和冬天温差很大，铁轨的热胀冷缩现象是非常明显的。如果是夏天铺设的铁路，到了冬天，一收缩就会出现很大的缝隙，如果缝隙大到一定程度，则有可能酿成事故。为了避免这个问题，一般都会选择在该地温度适中时铺设铁轨。对于原来运行速度较小的火车，一般会隔十余米留下一段膨胀距离（图6.5），

图 6.5 铁轨间隙

所以火车经过缝隙处，由于碰撞会发出"咣当咣当"的声音。随着科技的进步，列车运行速度越来越快，原来有缝的铁轨已经无法满足列车高速运行的需求，需要无缝轨道才能安全行驶。为了解决热胀冷缩的问题，对技术又提出了更高的要求，除了原来施工温度的选择之外，还需要尽可能地选取热胀冷缩形变较小的材料，在焊接处还要使用更优质的扣件，将铁轨紧紧地压在轨枕上。

可见，热胀冷缩在生产生活中是一把双刃剑，我们既要合理利用，又要尽量避免其带来的危害。

6.2.3 躬行实践——忽大忽小的气球

【准备】装水的容器、矿泉水瓶、气球、冷水、热水

【步骤】

① 首先，准备好两个可以装水的容器并摆好，将气球套在瓶口备用。

② 将套了气球的瓶子瓶底朝下放入装有热水的容器中，观察气球的变化，发现气球慢慢鼓起来了。

③ 再将瓶子瓶底朝下放入装有冷水的容器中，观察气球的变化情况，发现气球又变瘪了。

⚠ 【安全提示】请在家长陪同下进行实验，注意不要被热水烫伤。

你 知 道 吗 ？

问：实验中，将瓶子放进热水里气球就变大，放进冷水里气球又变瘪，你知道这是为什么吗？

答：将瓶子放在热水里，瓶内空气受热膨胀，气球就变大了；再将瓶子放入冷水中，瓶内空气遇冷收缩，所以气球又变瘪了。

6.3　蓦然回首，那人却在灯火阑珊处

东风夜放花千树，更吹落，星如雨。宝马雕车香满路。凤箫声动，玉壶光转，一夜鱼龙舞。

蛾儿雪柳黄金缕，笑语盈盈暗香去。众里寻他千百度，蓦然回首，那人却在，灯火阑珊处。

这首词出自辛弃疾的《青玉案·元夕》。上阕描写的是元宵佳节热闹的景象，灯火辉煌、车马喧嚣、载歌载舞、张灯结彩、火树银花，十分热闹。下阕笔锋一转，看着满城热闹的景象，在人山人海中想寻找那个人的身影，却怎么也找不到。在他黯然神伤转头时，却突然看到那个人静静地站在灯火零星的地方（图6.6）。

从日月星辰到电子跃迁——发光原理

上面这首词提到的是元宵节时满城张灯结彩的景象，这热闹的景象在很大程度上都是灯火的功劳。人类照明的历史很悠久，大概经历了三个阶段：第一阶段是日月星辰等自然光源照明阶段，第二阶段是使用篝火、油灯、蜡烛和煤气灯的火光照明阶段，第三阶段是第二次工业革命以来的电气照明阶段。

图 6.7 太阳结构模型

在第一阶段中，太阳是最重要的自然光源（图 6.7），组成太阳的元素里含量最多的是氢，其次是氦。在太阳内部高温高压的条件下，氢原子会发生热核聚变释放出大量能量，其中一部分能量穿过辐射区和对流区到达光球层，再继续向四周辐射，其中的一部分到达我们身边，这就是太阳发光的简略过程。

第二阶段的火光照明，不管是早期的篝火，还是油灯、蜡烛，其核心是燃烧。简单来说燃烧是某种物质和气体发生反应，并释放出光和热的过程，光和热是其燃烧过程中的物理现象，这是宏观现象。从微观来看，物质和气体发生化学反应时放出的一部分能量激发气体原子中的电子发生跃迁，跃迁后的电子处于不稳定的激发态，这时的电子很容易跃迁回稳定的基态，这个过程中会辐射出一些能量，同时释放光子，就形成了我们看见的光。

第三阶段是电气照明阶段。19 世纪初英国科学家戴维发现了炭电弧，即电路两端的炭棒相互靠近会产生火花，但利用电弧进行照明还是比较困难，真正步入电气照明时代是从爱迪生发明了电灯开始。随着社会和科技的发展，电气照明设备得到不断发展，例如 20 世纪出现的霓虹灯、日光灯等。按照其发光方法大致可以将电气照明分为三类：热辐射、气体放电、固体发光。热辐射的代表有卤钨灯、白炽灯，气体放电的有荧光灯、高压汞灯等，固体发光的有发光二极管等。

科学蜜窖

萤火虫发光

基态电子吸收能量后从基态跃迁到激发态，当电子再从激发态回到基态的时候，以电磁辐射（即光）的形式向外辐射能量。根据吸收的能量的不同，可以把发光分为电致发光、化学发光、光致发光、生物发光等形式，其中光致发光包含荧光、磷光等。值得一提的是萤火虫发光并非荧光，而是生物发光。生物发光是指生物活性物质参与化学发光，萤火虫体内有专门发光的细胞，发光细胞内有两种特殊的化学物质，一类为荧光素，另一类为荧光素酶，荧光素在荧光素酶的催化下会与氧气发生化学反应，反应过程中释放的能量几乎都以光的形式释放，只有极少部分以热的形式释放，因此，萤火虫发光的反应过程中发光率极高。科学家们还专门研究并模仿萤火虫发光的原理研制出冷光源，冷光源的利用极大地提高了发光效率，也极大地提高了能源利用率。

《青玉案·元夕》中元宵佳节灯火辉煌的景象，主要是由油灯和蜡烛发出的光亮所衬托出来的。

在我国古代，先秦时期已有油灯出现，之后又出现了蜡烛等照明工具。对于一些穷苦家庭来说，这些油灯、蜡烛是他们可望而不可即的，由此产生了一些寒门学子苦读的励志故事，比如囊萤映雪、凿壁偷光等。囊萤说的是晋朝的车胤，由于家境贫寒，于是将萤火虫装进薄袋子里，晚上借着萤火虫发的光来看书；映雪说的是晋代另一个苦读人物——孙康，他在冬天常常借着雪的反光来看书。凿壁偷光说的是汉代的匡衡，他因家境贫寒买不起蜡烛，于是在墙上打了个洞，借着隔壁微弱的烛光夜读。这些故事激励了一代又一代读书人奋发有为、自强不息。

6.3.2 理尽其用——从"日出而作"到 "万家灯火"

　　人类的照明经历了三个阶段，人们开始能动地利用自然进行照明大致是从第二阶段开始的，但无论是哪一阶段的照明，对当时人类生产生活都有着巨大的影响。

　　据传，汉代的能工巧匠丁缓发明的"常满灯"能自动添油，因此得名。大概相同时期，还有一种很环保的灯——在河北满城汉墓2号墓发掘的"长信宫灯"（如图6.8），其外形是一个跪坐的宫女端着灯具，它的灯座、灯盘和灯罩都可活动，可以调节灯的亮度和方向。它的高度刚好符合当时人们跪坐的高度，其环保之处在于燃烧后的废料从"宫女"上面的那只手臂通向躯体，可以有效减少对环境的污染。可见，我国古人们很早就有环保的意识了。

　　对于现代的人们来说，照明最主要还是用电光源，当然为了烘托气氛或者是应急，也会辅以蜡烛等。电光源给人们带来了许多变化，改变了人们生活、学习、工作、娱乐的方式。

　　当然，不当使用光也会给人们带来一些不利的影响，例如光污染。有学者指出：如今全球三分之二的地方都存在光污染。

图6.8　长信宫灯

6.3.3 躬行实践——发光的鸡蛋

【准备】鸡蛋、白醋、荧光粉、杯子

【步骤】

① 首先，将荧光粉和醋倒进杯子，搅拌均匀。

② 将鸡蛋放进含有荧光粉的白醋里面，大约等待一周的时间，在这期间可偶尔搅拌一下，防止荧光粉沉在杯底，也可适当地再加一些荧光粉。

③ 一周后，将鸡蛋捞出来，擦拭干净，可以发现，鸡蛋壳变薄了，甚至被完全溶解。同时，鸡蛋颜色也发生了变化。

④ 最后，将鸡蛋放在太阳下暴晒一小时后，再将鸡蛋放在黑暗的环境里，就可以看到鸡蛋像夜明珠一样会发光了。

⚠ 【安全提示】请在家长陪同下进行实验，手碰到荧光粉后及时用清水洗干净，注意不要吸入荧光粉，不要将荧光粉弄到眼睛中。

中国传统文化的物理之光

问：上面实验中的鸡蛋为什么会发光？

答：鸡蛋壳的主要成分是碳酸钙，在醋的作用下鸡蛋壳溶解。其次，蛋白的主要成分是蛋白质，在醋的作用下蛋白质性质会发生改变。鸡蛋在没有鸡蛋壳的保护情况下，长时间浸泡在含有荧光粉的醋时，荧光粉会附着在蛋白表面，甚至渗透到蛋白里。所以，经过充分光照后再放到黑暗环境中的鸡蛋就发光了。

问：那你知道荧光剂为什么会发光吗？

答：简单来说，荧光剂在受到光照后，会把光储存起来，在停止光照后，再缓慢地以荧光的形式释放出来，所以在光照后将荧光剂放在黑暗环境中可以看到发光。它的原理与电子跃迁相关，即荧光剂吸收一定波长的光后电子被激发，处于激发态，电子从激发态回到基态的过程中，一部分的能量以光的形式释放出来。

第7章 顿牟掇芥，磁石引针

7.1 琥珀熟于布上拭，吸得芥子者真

　　琥珀，是一种透明的树脂化石。天然琥珀有很好的中药功效，还有收藏价值。琥珀由树脂滴落，掩埋在地下千万年，在压力和热力的作用下石化形成，有的内部包有蜜蜂等小昆虫。琥珀这种天然的产物非常适合作为饰品（图7.1）。琥珀和玳瑁是两种古代人最早发现具有摩擦起电性质的物体。《雷公炮炙论》云："琥珀如血色，熟于布上拭，吸得芥子者，真也。"这说明古人很早就观察到琥珀经摩擦可产生静电吸引力，并用以辅助鉴别琥珀真假。将琥珀在一块软布上迅速来回摩擦，琥珀会发生迷人的香气并且可以吸引起小纸屑。东汉《论衡》一书中提到"顿牟掇芥"，也反映了带有静电的物体能够吸引轻小物体的现象。

图7.1 琥珀饰品

7.1.1 从"琥珀""玳瑁"谈谈摩擦起电

为什么摩擦过的琥珀和玳瑁能够吸引轻小物体呢？其中就蕴含了摩擦起电的知识。近代科学告诉我们：通常，物质是由原子构成的，而原子由带正电的原子核和带负电的电子所构成，电子围绕着原子核运动。一般情况下，原子核带的正电荷数与核外电子带的负电荷数相等，原子不显电性，所以整个物体是中性的。原子核里正电荷数量很难改变，而核外电子却能摆脱原子核的束缚，转移到另一物体上，从而使核外电子带的负电荷数改变。当物体失去电子时，它带的负电荷总数比正电荷少，就显示出带正电；相反，本来是中性的物体，当得到电子时带负电。

两个物体互相摩擦时，因为不同物体的原子核束缚核外电子的本领不同，所以其中一个物体会失去电子，另一个物体则得到电子。如用玻璃棒跟丝绸摩擦，玻璃棒的一些电子转移到丝绸上，玻璃棒因失去电子而带正电，丝绸因得到电子而带着等量的负电。用橡胶棒跟毛皮摩擦，毛皮的一些电子转移到橡胶棒上，毛皮带正电，橡胶棒则带等量的负电。

摩擦起电是电子由一个物体转移到另一个物体的结果，使两个物体带上了等量的电荷。得到电子的物体带负电，失去电子的物体带正电。而原来不带电的两个物体摩擦过后，会因带电而吸引轻小物体。

7.1.2 理尽其用——摩擦起电的利与弊

摩擦起电在日常生活中很常见，有时候会给我们的生活带来不便。我们穿的化纤衣服、用的塑料制品都会发生摩擦起电，使用不久往往就会粘上灰尘等细小物品。在油罐车运行过程中，油与油罐发生摩擦产生大量的电荷，这些异种电荷一旦放电产生火花就可能使油燃烧，酿成火灾甚至发生爆炸，所以必须及时导走这些电荷。通常油罐车会安装一条铁链拖在地上，以便及时把产生的电荷导走，避免电荷积累造成危害。

如何克服摩擦起电带来的危害？增加空气湿度是控制静电的有效办法。因为干燥环境容易使物体积累静电电荷，所以静电危害大多发生在天气干燥的季节。如果增加空气湿度，工作人员身上、机器各部件、被加工物体表面均可吸附一层水分，使其电阻变小，电荷产生以后将迅速流入大地。如果工作房间空气湿度在 70% 以上，一般可以防止静电危害。为了防止塑料、化纤制品等绝缘体上聚积静电电荷，人们还研制了各种抗静电剂。汽油、柴油、煤油中加入少量的抗静电剂，就可以大大增强它们的导电性能。

摩擦起电也有一定的实用价值。如，中美科学家联合开发出一种能从汽车车轮与地面的摩擦中收获能量的纳米发电机，有望将白白浪费掉的能源回收。在最初的实验中，使用的是玩具车和发光二极管（LED）。当玩具车在地上行进的时候，就能点亮 LED 灯。实验显示，摩擦引起的电子运动产生的电能足以驱动 LED 灯，这些能量完全可以被收集后再利用。

7.1.3 躬行实践——巧让气球带电

【准备】纸屑、气球

【步骤】

① 把气球放在头发上摩擦几下，当气球慢慢靠近纸屑时，纸屑快速被吸了起来，粘在气球上。

② 将气球与头发摩擦几下，气球远离头发，发现可以把头发吸起来。

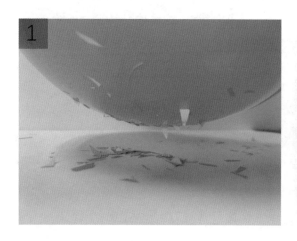

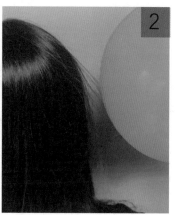

电荷也要守"规矩"

　　没有规矩，不成方圆，生活中处处需要规矩，正因为人们遵守规矩，生活才井然有序，而电荷也同样要守"规矩"。自然界中的电荷要遵循电荷守恒定律，电荷守恒定律是物理学的基本定律之一。电荷既不会创生，也不会消灭，它只能从一个物体转移到另一个物体，或者从物体的一部分转移到另一部分，在转移的过程中，电荷的总量保持不变。

7.2 千红万紫安排著，只待新雷第一声

雷电是一种常见的自然现象（图 7.2），不同的视角对雷电有不同的理解与解读。清代诗人张维屏曾在《新雷》中这样写道：

造物无言却有情，

每于寒尽觉春生。

千红万紫安排著，

只待新雷第一声。

《新雷》写的是迎春的情景。意思是大自然虽然默默无言但却有情，寒冬过去将迎来春天，悄悄地安排好万紫千红的百花含苞待放，只等春雷一响，百花就将竞相开放。这首绝句写于道光四年（1824 年）初春，时值鸦片战争前的十余年，当时清政权腐败黑暗，而西方的鸦片贸易又在不断增加。明智的士大夫目睹这内外交困的局势，既焦急不安，又渴望新局面的到来。张维屏怀着复杂的心情创作出这首诗。

图 7.2 雷电

诗人抓住了第一声春雷炸响前夕这个富于孕育性的时刻，表达了他对春天的渴望，对新的生活环境的渴望。在诗人的笔下，我们能够感受到"新雷"的丰富含义，那么"雷电"又是怎么产生的呢？

7.2.1 从"风筝实验"谈谈雷电的成因

关于雷电的认识和研究，最著名的是美国科学家富兰克林做的风筝实验（图7.3），这个实验证实了天上的电与地上的电实质上是相同的。1752年6月的一天，阴云密布，电闪雷鸣，一场暴风雨就要来临了。富兰克林和他的儿子威廉，带着上面装有一个金属杆的风筝来到一个空旷地带。富兰克林高举起风筝，他的儿子则拉着风筝线飞跑。由于风大，风筝很快就被放上高空。这时，忽然雷电交加，大雨倾盆。富兰克林和他的儿子一道拉着风筝线，父子俩焦急地期待着。此时，刚好一道闪电从风筝上掠过，富兰克林用手靠近风筝上的铁丝，立即掠过一种恐怖的麻木感。他抑制不住内心的激动，大声呼喊："威廉，我被电击了！"随后，他又将风筝线上的电引入莱顿瓶中。回到家里以后，富兰克林用雷电进行了各种电学实验，证明了天上的雷电与人工摩擦产生的电具有完全相同的性质。富兰克林关于天上和人间的电是同一种东西的假说，在他自己的这次实验中得到了证实。

雷电是大气中的放电现象，多形成在积雨

图7.3 富兰克林的风筝实验

云中，积雨云随着温度和气流的变化会不停地运动，带有正电荷的高压云团和带有负电荷的高压云团在空中相碰撞，随着电荷的积累电压逐渐升高，当电压足够大时将发生剧烈的放电，同时出现强烈的闪光。由于放电时温度很高，空气受热急剧膨胀，随之发生爆炸的轰鸣声，这就是闪电与雷鸣。雷电的产生与各地区的地形、气象条件及所处的纬度有关。一般山地雷电比平原多，建筑越高，被雷击的可能性越大。人们在雷电交加的时候不要停留在高楼平台上及空旷处的屋棚、岗亭中，若万不得已要在大树下避雨，则注意与树干保持一定距离，采用下蹲并双腿并拢的姿势。

7.2.2 理尽其用——看看古人的"防雷"智慧

雷电属于一种自然现象，同时也是最为严重的八大自然灾害之一，那么古代人是如何防雷的呢？如图7.4，中国古建筑的檐角屋脊上常常排列着一些动物装饰，远远望去绮丽异常。这些美丽的装饰品是中国建筑装饰的一大特点，除了有美观的效果，其实还有防雷的妙用。中国木构建筑最怕遭遇雷击，

图 7.4　古建筑的檐角屋脊

因此有的兽头内部会有一条金属舌头指向空中，其腹内穿过金属条，金属条一端插入地里。这样当打雷放电时，雷电会通过金属条通道被引入大地，从而保护屋内的人不受雷击的伤害。位于洞庭湖边西南方向的慈氏塔（图7.5），用塔顶铁杆拦截雷电，并用6条从铁杆至地面的铁链将雷电引到地面消散，从而保护塔身不受雷电的损害。

现代人在许多高大建筑物上安装了避雷针（图7.6），它的作用就是为了保护建筑物免遭雷击。避雷针是美国科学家富兰克林发明的，它是怎么"避雷"的呢？避雷针其实并不避雷，而是利用其高耸空中的有利位置，把雷电引入自身，承受雷击，从而保护了其他设备免遭雷击。避雷针装置由接闪器、引下线和接地装置三部分组成。装置的各部分都要求电阻很小，截面达到一定尺寸，以便承受得住巨大的雷击电流通过。作为受电端的接闪器，通常用直径大于4厘米的镀锌圆钢或钢管制成，长度2米以上，它必须牢固地装在建筑物顶上或烟囱上方。引下线连接接闪器和接地装置，可用镀锌钢绞线或扁钢做成。接地装置要埋到地下一定深度，和大地接触良好，易于把雷击电流导入大地，也可用天然接地极如自来水管、污水管等作为接地装置。

图 7.5 慈氏塔　图 7.6 避雷针

7.2.3 躬行实践——雷雨天气安全小贴士

雷雨天气尽量不要停留在户外，如果从事户外工作应立即停止，尤其不要到河流湖泊边钓鱼、游泳、划船，要尽可能撤离到安全地带，且不要奔跑或快速骑行；应保持情绪稳定，冷静地观察周围环境并迅速采取应对措施，如正在空旷地带一时无处躲避，应尽量降低自身高度并减少人体与地面的接触面，或者双腿并拢蹲下，头伏在膝盖上，但不要跪下或卧倒；雷电发生时不要把铁器扛在肩上，远离铁栏、铁桥等金属物体及电线杆，不要停留在山顶、楼顶等制高点上。

问：你了解避雷针的工作原理吗？

答：在雷雨天气，高楼上空出现带电云层时，由于避雷针针头是尖的，静电感应时，避雷针就聚集了大量电荷。当云层上电荷较多时，避雷针与云层之间的空气就很容易被击穿，成为导体。这样，带电云层与避雷针形成通路，而避雷针又是接地的，就可以把云层上的电荷导入大地，使其不对高层建筑构成危险。

7.3 小小磁针石，何以指南方

明代永乐、宣德年间郑和下西洋，是中国古代规模最大、船只和海员最多、时间最久的海上航行（图7.7）。郑和下西洋是世界航海史上伟大的壮举，在世界文明史上具有里程碑意义。七次下西洋得益于当时造船业的发达、罗盘的使用、航海经验的积累等。明代航海家马欢将郑和下西洋亲身经历的二十国的航路、海潮、地理、风土、人文等状况记录下来，形成《瀛涯胜览》一书，书中曾这样写道：

> 皇华使者承天敕，宣布纶音往夷域。
> 鲸舟吼浪泛沧溟，远涉洪涛渺无极。
> 洪涛浩浩涌琼波，群山隐隐浮青螺。

图7.7　郑和下西洋

华夏使者秉承皇帝的旨意，到番夷地区传达皇上的诏令。庞大的船队在波涛汹涌的蓝色大海中航行，隐约可见两旁的青山和海中的海螺。大海浩渺无际，处在其中的人们如何辨别方位呢？马欢在谈到他们航经溜山国的情况时写道："设遇风、水不便，舟师失针，舵损。船过其溜，落于溜水，渐无力而沉。大概行船皆宜谨防此也。"意思是舟师如果对罗盘指针的使用观察判读出现失误，就有可能造成航线偏移、船舵损坏、船舶沉没的严重海难。郑和船队导航时兼用罗盘和观星，二者互相补充、互相修正。其实，宋代的《诸蕃志》就记载：渺茫无际，天水一色，舟舶往来，惟以指南针为则，昼夜守视惟谨，毫厘之差，生死系矣。由此可见，指南针是我国古代人们远航时辨别方位的重要工具，我国是最早在航海时使用指南针的国家，指南针是中国古代劳动人民在长期的实践中对磁石磁性认识的结果，它的发明对人类的科学技术和文明的发展，起到了不可估量的作用。

7.3.1 从"指南针"谈谈地球的磁场

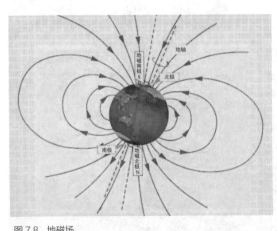

图7.8 地磁场

地球周围存在天然磁场——地磁场。地球可视为一个巨大的磁体，其中地磁的南极在地理北极附近，地磁的北极在地理南极附近，如图 7.8 所示。通过这两个磁极的假想直线（磁轴）与地球的自转轴大约成 11.3

度的倾斜。

　　因为地球是个大磁体，它的两个磁极接近于地球的两极，在地磁力的作用下，磁针就被吸到南北方向上了。磁针石类似于现在的小磁针，小磁针具有磁性，分为南极（S极）和北极（N极）。根据"同名磁极相互排斥、异名磁极相互吸引"的原理，地磁的南极在地球北端，地磁的北极在地球南端，因此，磁针的N极总是指向北方，S极总是指向南方，这也是指南针的原理。磁针的磁极和地球的磁极并没有接触，它们却能互相吸引，这也表明了磁体周围存在"磁场"。

7.3.2 理尽其用——了解古今的定位工具

　　世界上最早的指南针，要算我国战国时期制造的"司南"了，如图7.9所示。司南是中国古代辨别方向用的一种仪器。据《古矿录》记载，司南最早出现于战国时期的河北磁山一带，可以辨别方向，是现在所用指南针的始祖。它是把天然磁铁琢磨成勺子的形状，勺柄是S极，使重心落在圆而光滑的勺头正中，然后把勺子放在一个光滑的盘子上。使用的时候，把勺头放平，用手拨动它的柄，使它转动。等司南停下来，它的长柄就指向南方。古时候，人们到山里去

图7.9　司南

采玉时，为防止迷失方向，就会使用司南来辨别方向。

发明司南以后，人们不断地研究和改进指南的工具。到了北宋初年，又制造出了指南鱼。它是用一块薄薄的钢片做成的，形状很像一条鱼。鱼的肚皮部凹下去一些，像小船一样，可以浮在水面上。把它磁化以后，放到盛水的瓷碗里，就能指示方向了。因为水的摩擦力比固体小，指南鱼转起来比较灵活，所以它比司南更灵活、更准确。当时还有用木头做的指南鱼，是把一块木头刻成鱼的样子，像手指那么大。从鱼嘴往里挖一个洞，里面放上条形磁铁，使它的 S 极朝鱼头，用蜡封住口。另外用一根针插到鱼嘴里，指南鱼就做好了。把它放到水面上，鱼嘴里的小针就指向南方。

我国不但是世界上最早发明指南针的国家，而且是最早把指南针用在航海业的国家。据记载，南宋的时候，航海的人已经用"罗盘"来指示航向了，这是把指南针和罗盘结合起来的指南工具。罗盘的盘有用木头做的，也有用铜做的，盘的周围刻上东南西北等方位，盘中央放一个指南针。只要把指南针所指的方向和盘上的正南方位对准，便可辨别航行方向了。军事上也用到指南针，行军作战的时候，如果遇到阴天黑夜，就用指南针来辨别方向。现代指南针如图 7.10 所示，磁针在天然地磁场的作用下可以自由转动，磁针的北极指向地理的北极。

图 7.10　现代指南针

我国古代人民通过观天象、指南针等辨别方位是中国科技发明推动人类文明进步的案例之一。古有北斗七星辨明方向，今有北斗卫星进行定位。2020 年 7 月 31 日，北斗三号全球卫星导航系统正式开通。由我国建成的独立自主、开放兼容的卫星导航系统，从此走向了服务全球、造福人类的时代舞台。

中国北斗卫星导航系统是我国自行研制的全球卫星导航系统，如图 7.11 所示，也是继 GPS、GLONASS 之后的第三个成熟的卫星导航系统。它可以在全球范围内全天候、全时段为各类用户提供高精度、高可靠定位、导航等服务。随着北斗系统建设和服务能力的发展，相关产品已广泛应用于交通运输、海洋渔业、水文监测、气象预报、测绘地理信息、救灾减灾、应急搜救等领域，逐步渗透到人类社会生产和人们生活的方方面面，为全球经济和社会发展注入新的活力。全球已有 120 余个国家和地区使用北斗系统，中国北斗作为国家名片的形象持续深入人心。中国始终秉持和践行"中国的北斗，世界的北斗"的发展理念，积极推进北斗系统国际合作，与其他卫星导航系统携手，与各个国家、地区和国际组织一起，共同推动全球卫星导航事业发展。

图 7.11　北斗卫星模型

7.3.3 躬行实践——动手做个指南针

【准备】曲别针、钳子、磁铁、指甲油（或颜料）、泡沫塑料、装有水的杯子、指南针（用来与自制指南针对比）

【步骤】

① 将曲别针拉直，然后用钳子截取一段。

② 将截取的铁丝在磁铁上摩擦（要朝一个方向摩擦），直到产生磁性。

③ 将具有磁性的铁丝穿进泡沫塑料，放在装有水的杯子里。不管怎么放，铁丝都会转到和指南针一致的方向。指北一端涂上红色，指南一端涂上蓝色，指南针就做好了。

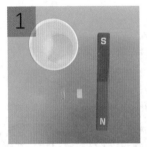
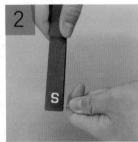

问：部队装备中为什么用指北针而不是指南针？

答：指南针是我国的四大发明之一，它的基本原理是利用地磁场，使磁针指向地理南极；指北针的制作原理与指南针相同，无非是指针的标示对准地理北极。那么为什么现代军队都使用指北针呢？这是因为军用地图的制式是"上北、下南、左西、右东"，并且图上都有清晰的北向指示，如果配合指南针的应用，两个指示箭头将截然相反，非常不利于两者的统一使用，因此指北针就应运而生了。军用地图与指北针相互配合使用，可以更加准确地应用于军事领域。现代指北针已不仅仅用来指示方向，还可以测定方位、距离、水平、坡度、高度等。

中国传统文化的物理之光

第8章 看我七十二变

8.1 樵夫的铁斧头

　　古代有一个神话故事：一个樵夫在河边砍柴的时候把斧头掉到了河里，十分着急。就在这时河神出现了，他在了解了事情的原委之后，觉得樵夫很可怜，便沉到河里，捞起一把大小和形状一样的斧头，问道："这把金斧头是你的吗？"樵夫摇摇头说："这不是我的斧头。"接着，河神又沉到河里，捞起一把大小和形状一样的银斧头，问道："这把银斧头是你的吗？"樵夫摇头说："不是。"河神第三次沉到河里，捞起一把铁斧头，问道："这把铁斧头是你的吗？"樵夫看到自己的斧头，跳起来欣喜地说道："没错没错，这把才是我的斧头。"河神很赞赏樵夫为人诚实，便把金斧头和银斧头作为礼物送给了他。这就是金斧头、银斧头和铁斧头的故事（图8.1），它教育人们做人要诚实。在故事中，樵夫通过外观判断河神捞出的斧头是否是自己的斧头，还有其他的办法辨别三把斧头吗？

　　针对上面的问题，选择用天平或电子秤称一下是多数人的选择，示数最大的是金斧头，示数最小的是铁斧头。这个办法是可行的，请问其中的物理原理是什么呢？

图8.1　金斧头、银斧头和铁斧头的故事

8.1.1 物质的"名片"

想要知道一个物体有多"重"，通常是用天平或电子秤称一下，示数表示的就是物体的"轻重"。在物理学中，用专门的物理量——质量来表示物体的"轻重"，即表示物体所含物质的多少，质量的标准单位是千克。质量是物体本身的一种属性，只与物体所含物质的多少有关，和物体的形状、状态、位置无关，所以质量就像物体的一张名片。对于由同一种物质构成的物体来说，体积越大，所含的物质越多，物体的质量越大。前面神话故事中的金斧头、银斧头和铁斧头，其大小与形状都相同，但构成这三把斧头的物质不同，这里涉及到一个重要的物理量——密度（即物质质量与体积之比）。金的密度最大，铁的密度最小。尽管三把斧头的大小与形状一样，即体积一样，但由于密度不同，它们的质量是不同的，金斧头的质量最大，银斧头的质量次之，铁斧头的质量最小。所以，我们可通过用天平或电子秤称重的方式辨别金斧头、银斧头和铁斧头。

8.1.2 理尽其用——关于密度的古今应用

在原始社会，人们在漫长的岁月中，经过长期的劳动实践，逐渐萌发了最初的物质密度的概念。原始人在制造石器的过程中，根据石头的疏密坚硬程度决定其用途，例如密度小的石头质地较软可以用来刻字，密度大的石头质地较硬可以作为制作劳动工具的原料。人们根据用途的不同将石头制成形状不同的工具，如图 8.2 所示为新石器时代形状不同的劳动工具。现代，人们仍将密度概念应用于生产生活中。如农业生产中，人们常常利用种子在一定密度盐水中的沉浮状态进行选种，因为饱满的种子由于密度大而下沉，瘪壳等则由于密度小而浮在水面。

图 8.2　新石器时期的石器

8.1.3 躬行实践——测量蜡块的密度

【准备】棱长为 5 厘米的正方体蜡块，电子秤

【步骤】

① 利用电子秤称出蜡块的质量（m）。

② 根据正方体的体积计算公式算出蜡块的体积（V）。

③ 根据 $\rho = m/V$，算出蜡块的密度。

问：若蜡块的形状不规则，应如何测量其密度呢？

答：对于形状不规则的蜡块，先用电子秤测出蜡块的质量，因为形状不规则，所以无法用公式直接计算蜡块的体积，可以将蜡块完全浸没在装有水的量筒中，记录蜡块浸没之前的水的体积与蜡块浸没之后的水的体积，前后体积之差即为蜡块的体积。根据 $\rho = m/V$，可以求出蜡块的密度。

8.2 蒹葭苍苍，白露为霜

在《诗经·国风》中有一句著名的诗句，"蒹葭苍苍，白露为霜"，刻画的是一片水乡清秋的景色。那生长在河边的茂密芦苇颜色苍青，那晶莹透亮的露水已凝结成霜花，那微凉的秋风送着袭人的凉意，那茫茫的秋水送着侵人的寒气。在这苍凉幽缈的深秋清晨的特定时空里，诗人时而静立，时而徘徊，时而翘首眺望，时而蹙眉沉思。这句诗刻画的是诗人在追寻一位友人时神情焦灼、心绪不宁的心情。当我们从科学的角度来看就会发现，"蒹葭苍苍，白露为霜"两句展示出白露节气露水凝结的现象（图8.3）。"白露"是反映自然界气温变化的节令，"露"是白露节气后特有的自然现象。气象学表明：节气至此，天气逐渐转凉，白昼阳光尚热，但是太阳一落山，气温便很快下降，到夜间，空气中的水蒸气便遇冷凝结为水滴，密集地附在花草树木的绿色茎叶或花瓣上。

图 8.3　蒹葭苍苍，白露为霜

8.2.1 从科学视角看"蒹葭苍苍，白露为霜"

　　物理学中，把物质从一种状态变化到另一种状态的过程叫做物态变化，常见的物态变化有六种：熔化、凝固、汽化、液化、升华、凝华。六种过程的吸热与放热情况如图 8.4 所示。

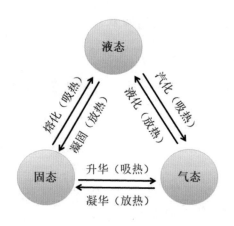

图 8.4　物态变化过程的吸热与放热情况

　　由此，我们可以用物态变化的相关知识解释"蒹葭苍苍，白露为霜"。空气中存在水的气态形式——水蒸气，当环境温度降低时，空气中的水蒸气会液化形成小水珠，有的小水珠便会附着在花草树木上形成露珠。在气温低于 0℃的情况下，空气中的水蒸气就会直接凝华成小冰晶，例如在深秋或寒冬的早晨，地面气温特别低，近地面的水蒸气遇冷凝华成小冰晶附着在地面上或地面的物体上形成霜，所以我们在深秋或寒冬的早晨会看到"蒹葭苍苍，白露为霜"的景象。

8.2.2 理尽其用——物态变化的巧妙应用

建筑设计中用到了物态变化的物理原理。湖北的武当山是著名的道教圣地之一，在它的主峰——天柱峰峰顶有一座金殿，由此世人将天柱峰的峰顶称为"金顶"。金殿建于明朝永乐年间，"祖师出汗"和"海马吐雾"是非常著名的金顶奇观。所谓"祖师"就是大殿内的真武铜像，在天降大雨之前，真武铜像就像人一样，在闷热的天气中汗流浃背；所谓"海马"就是大殿屋顶上的海马铸像，如果海马口中呼呼地吐着白雾，预示着天帝将要派遣雷公电母和风伯雨师来金顶洗涤这座大殿。从科学角度可以利用物态变化对这两个"奇观"进行解释。在下雨之前，大殿内的空气中水蒸气含量较高，当大气压发生突变的时候，过多的水蒸气会遇冷而液化成小水珠，它们布满物体的表面，而铜像表面的小水珠大量聚集，就像是"祖师"出了很多汗一样，因此，就形成了"祖师出汗"的奇观。"海马"铸像是铜制的，传热快，太阳暴晒的时候，铜比日常温度高很多，内部的空气温度也高。但一旦天气突然变化要下雨的时候，温度骤降，而金殿处于武当山的最高处，风力非常强，如果此时恰巧有一股强劲的风吹过，气压变小，"海马"内部气体从嘴部流出，其中的水蒸气遇到冷空气液化成小水珠形成水雾，看上去就像"海马吐雾"一样。

8.2.3 躬行实践——模拟霜的形成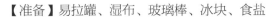

【准备】易拉罐、湿布、玻璃棒、冰块、食盐

【步骤】

① 将易拉罐放在桌面的湿布上，放入冰块，然后放入适量的食盐。

② 用玻璃棒轻轻搅拌，冰块和食盐充分接触后，静置一段时间，发现易拉罐外壁结了一层白色的冰晶，湿布粘在了易拉罐上。

  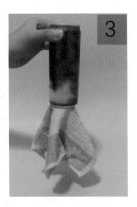

你知道吗？

问："模拟霜的形成"的实验原理是什么？

答：霜的形成是凝华现象。冰在室温下会熔化吸热，使周围的空气温度下降，在冰块中加入食盐不仅会促进冰块的熔化，同时食盐也会熔化吸热，会使易拉罐表面的温度下降到0℃以下，易拉罐表面附近的水蒸气遇冷凝华就会结成白色的霜。

8.3　山蜩金奏响，荷露水精圆

羊士谔（约762—819），唐朝贞元元年礼部侍郎鲍防下进士，在作诗方面大力提倡流畅自然的文风，反对浮靡雕琢和怪癖晦涩，并且以造诣很高的创作实绩为后人起到示范作用。他所创作的《林馆避暑》备受称道。

池岛清阴里，无人泛酒船。

山蜩金奏响，荷露水精圆。

静胜朝还暮，幽观白已玄。

家林正如此，何事赋归田。

图8.5　荷露水精圆

"山蜩金奏响，荷露水精圆"表现出荷叶上露珠的晶莹圆润，呈球状（图8.5），这种现象的产生可以用液体的表面张力来解释。

8.3.1　科学揭秘露水"精圆"之道

表面张力是怎么产生的呢？分子之间存在作用力，液体内部的分子与液体表面的分子所受作用力的情况是有所不同的。如图8.6所示，对液体内部的分子 A 和液体表面的分子 B 的受力情况进行分析：以一定长度为半径作以分子 A 为中心的球面，球面内的分子都对分子 A 有力的作用，由于对称，各个分子对 A 的作用力相互抵消，最终表现为零。对于分子 B 也以相同的长度为半径作球面，作出的球面一部分在液体内部，一部分在液面之外，与液体内

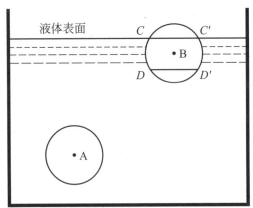

图 8.6　水分子受力示意图

部相比，由于液面外部的分子密度较小，所以液面外部的分子对分子 B 的作用力可以忽略，由于对称，CC' 和 DD' 之间所有的分子作用力的合力为零，对分子 B 有效的作用力是由 DD' 以下的全体分子产生的向下的合力，这个合力就是表面张力。由于处于边界内的每一个分子都受到指向液体内部的合力，所以这些分子都有向液体内部聚拢的趋势，同时分子与分子之间还有侧面吸引力，即有收缩表面的趋势，这种情况使液体表面好像一层"弹性薄膜"，使得液体表面积为最小值。在体积相同的情况下球体的表面积最小，所以荷叶上的露珠以及落到地面的水银呈圆球状。

8.3.2　理尽其用——表面张力的应用

表面张力是液体的重要性质之一，在日常生活中应用也十分广泛。例如衣服上的污渍一般张力较大，通俗来讲，就是污渍表面的"弹性薄膜"强度较大，水分子不易透过，宏观表现为污渍不容易溶于水。洗衣粉中有使污渍表面张力减小的表面活性剂，加入洗衣粉后，污渍表面的"弹性薄膜"强度变小了，水分子容易透过，宏观表现为污渍易溶于水，所以在洗衣服时加入洗衣粉能有效去污。表面张力的大小对于打印机墨盒和喷头中墨滴的大小以及墨水的流动也是非常重要的，墨水在打印状态下以流动的形式存在，与表面张力大的墨水相比，表面张力小的墨水具有较好的流动性，会产生更好的打印效果。

8.3.3 躬行实践——体验水的表面张力

【准备】水盆、曲别针、清水

【步骤】

① 将曲别针擦干，保证曲别针上没有水。

② 将水盆中装满水。

③ 将曲别针轻轻放到水面上，会发现密度比水大的曲别针没有沉底而是浮在水面上。

你知道吗？

问：为什么密度比水大的曲别针会浮在水面上？

答：由于水的表面存在张力，当轻轻把曲别针放在水面上时，水的表面就像橡皮膜一样给曲别针提供向上的力。由于曲别针自身重力较小，所以曲别针可以浮在水面上。

8.4 近朱者赤，近墨者黑

晋朝文学家和哲学家傅玄在《太子少傅箴》中写道："近朱者赤，近墨者黑；声和则响清，形正则影直。"这句话的意思是靠近朱砂容易变红，靠近墨容易变黑；声音是悦耳和谐的，那么它听起来就很清越，身形是端正的，那么影子看起来就是正直的。现在人们常用"近朱者赤，近墨者黑"来形容一个人生活在好的环境中会受到积极的影响，生活在坏的环境中会受到消极的影响，强调环境对人的影响。从物理学的角度来看，靠近朱砂的物体会变红，靠近墨的物体会变黑，是典型的扩散现象（图 8.7）。

图 8.7 近朱者赤，近墨者黑

8.4.1 "近朱者赤，近墨者黑"的科学解释

不同物质在相互接触时彼此进入对方的现象，叫做扩散。扩散现象可发生在气体之间，例如当有人做饭时，我们在远处就可以闻到饭香；扩散现象可发生在液体之间，例如向无色清水中注入红墨水，混合液体变红；扩散现象也可发生在固体之间，例如将磨得很光滑的铅片和金片压在一块，在室温的环境中放置5年后再将它们切开，可以看到它们相互渗入约1毫米；除此之外，扩散现象可发生在固体与液体之间、固体与气体之间、液体与气体之间。扩散现象说明一切物质的分子都在不停地做无规则的运动，这种无规则的运动叫做分子的热运动。分子的热运动是永不停息的，温度越高，分子运动越剧烈。

就扩散的方向而言，物质由密度大的区域向密度小的区域扩散；就扩散速度而言，气体扩散得最快，液体次之，固体最慢。

8.4.2 理尽其用——扩散现象的应用

扩散现象在生产生活中有很多应用，例如在生活中，厨房中往往存在各种刺激性气味，如洋葱味、大蒜味、鱼腥味以及较浓的油烟味等，卧室、客厅和卫生间还会有烟味、霉味等。如果要除去这些气味，可以用空气清新剂，将一盒固态空气清新剂放到厨房、客厅或卫生间等，过一段时间刺激性气味就没有了，还可以闻到很好闻的香味。究其原因，原来是清新剂中的分子扩散到空气中，冲淡了原来的气味，并使人们闻到好闻的气味。扩散现象在医学上也有应用，血液透析是治疗肾功能衰竭和急性中毒的有效方法，正常的肾脏负责将血液中的尿素、多余的盐、多余的水滤出，然后储存到膀胱中。当肾衰竭后丧失上述功能，废物不能从血液中排出，会对生命造成威胁。如果将患者的血液和透析液同时引进透析器（人工肾）中，把病人的血液浸在

透析液的透析膜中，血液中的蛋白质和血细胞不能透过透析膜，血液中的毒性物质则可以透过，毒性物质的分子就会扩散到透析液中，因此血液中的毒性物质被除去，从而达到治疗疾病的效果。在农业生产中，为了达到丰收的目的，农民在庄稼地里施撒化肥，撒到土地中的化肥便溶解于土壤，溶解后的化肥在土壤中扩散更易于庄稼吸收。

8.4.3 躬行实践——验证温度对扩散速度的影响

【准备】墨水、透明玻璃杯（2个）、热水、冷水、胶头滴管

【步骤】

① 向两个透明玻璃杯中分别加入同样多的热水（左）和冷水（右）。

② 用胶头滴管向两个玻璃杯中同时分别滴入同样多的墨水。

③ 将玻璃杯静置一段时间，发现热水先变成黑色。

⚠ 【安全提示】向杯中加热水时注意防止烫伤。

你知道吗？

问：扩散现象与分子热运动之间的关系是什么？

答：分子是直径约为 10^{-10} m 的粒子，所以分子热运动是肉眼不可见的，属于微观运动，只要温度不低于 $-273℃$，分子热运动就不会停止；扩散现象是肉眼可见的，属于宏观现象；扩散现象由于分子热运动而产生，是分子热运动的宏观体现。

参考文献

[1] 陈传岭.民国中原度量衡简史 [M].北京：中国质检出版社，2012.

[2] 西蒙·纽康.通俗天文学 [M].刘连景，译.北京：新世界出版社，2014.

[3] 李宝洪，徐红.神奇宇宙 [M].济南：山东科学技术出版社，2007.

[4] 李芝萍，贾焕阁.天文·时间·历法 [M].北京：气象出版社，2003.

[5] 武帅兵.解密"狮吼功" [J].知识就是力量，2018(9).

[6] 李阿楠.声波武器的作用机理及其在反恐处突中的应用 [J].警察技术，2014(4):85-87.

[7] 杨恒，林太峰，康玉柱.LED 调光技术及应用 [M].北京：中国电力出版社，2016.

[8] 文尚胜，等.半导体照明技术 [M].广州：华南理工大学出版社，2013.

[9] 黄建伟.SSAA 天文探索 [M].广州：暨南大学出版社，2015.

[10] 格哈德·史塔格翁.让孩子着迷的 133 个经典科学谜题 [M].常晅，胡裕，译.海口：南海出版公司，2009.

[11] 沙振舜.等离子体自传 [M].南京：南京大学出版社，2016.

[12] 袁宗南.照明与光害 [J].照明工程学报，2013，24:1-6.

[13] 纳米发电机可从车轮"捡获"电能 [J].电气技术，2015(08):139.

[14] 杨丙雨，冯玉怀．贵金属分析综览 [M]．西安：西安交通大学出版社，
2013．

[15] 刘树勇，白欣．中国古代物理学史 [M]．北京：首都师范大学出版社，
2011．

[16] 孙晶华，王晓峰，陈淑妍．大学物理实验教程 [M]．哈尔滨：哈尔滨工程
大学出版社，2016．